Die Bewertung des Kakaos als Nahrungs- und Genußmittel

Experimentelle Versuche am Menschen

Von

Dr. med. et phil. R. O. Neumann

a. o. Professor der Hygiene an der Universität Heidelberg

Mit 3 Tafeln

(Sonderdruck aus dem Archiv für Hygiene)

München und Berlin

Druck und Verlag von R. Oldenbourg

1906

Inhaltsverzeichnis.

IV   Inhalt.

II. Teil.

Die Bewertung des Kakaos als Nahrungs- und Genußmittel.

Experimentelle Versuche am Menschen.

Von

Dr. med. et phil. R. O. Neumann,

Privatdozent an der Universität.

(Aus dem Hygienischen Institut der Universität Heidelberg.
Direktor: Geh.-Rat Prof. Dr. Knauff.)

I. Teil.

**Versuche über den Einfluß der Menge, des Fettgehaltes, des
Schalengehaltes des Kakaos und der mit demselben eingeführten
Nahrung auf die Resorption und Assimilation desselben.**

(Mit Tafel I.)

Einleitung.

Der Organismus beansprucht zur Erhaltung auf seinem
Gleichgewichtszustande zwei notwendige Dinge, die Nahrungs-
und Genußmittel. Von ersteren wissen wir, daß sie die
Hauptmenge der Nährstoffe enthalten, von letzteren, daß ihre
würzenden Bestandteile zur besseren Aufnahme der Nahrungsmittel im Körper beitragen. Hinsichtlich ihrer Zusammensetzung
an nährenden Substanzen wie Eiweiß, Fett und Kohlehydraten ist jedoch die Grenze zwischen Nahrungs- und Genußmittel keineswegs eng gezogen, und so finden sich auch
unter den Genußmitteln einzelne, die mit gleichem Recht auch
als Nahrungsmittel angesehen werden können. Ich erinnere nur
an den Zucker, den Honig, das Bier, alles Dinge, welche
in erster Linie des Wohlgeschmackes, nicht aber des

Nährwertes wegen genossen werden. Zu diesen letzteren Stoffen gehört auch der Kakao und die daraus bereitete Schokolade.

Da die Mengen an Eiweifs, Fett und Kohlehydraten im Kakao infolge des geringen Wassergehaltes sogar recht bedeutende sind, so würde man diese »Götterspeise«, wie sie Linné bezeichnete, unter die vollwertigsten Nahrungsmittel einreihen müssen. Und in der Tat ist man auch mancherseits geneigt, dies zu tun.

Jedoch bei der Beurteilung dieser Frage kommt es eben nicht allein darauf an, wie grofs die Menge der Nährstoffe ist, die sich im Kakao finden, sondern wie sie im Organismus verwertet werden, und welche Menge man von diesem »Nahrungsmittel« zu sich nimmt und zu sich nehmen kann.

Der tägliche Bedarf stellt sich selbst bei jemand, der als ausgesprochener Kakaotrinker gelten sollte, gewifs nicht höher als auf 40 g (sieben Tassen à 150 ccm aus je 5—6 g Kakaopulver); normalerweise dürften aber nur 25—30 g Kakao pro die als die richtig bemessene Menge anzusehen sein.

Hieraus ist schon ersichtlich, dafs man, selbst wenn der Kakao ganz aus Fett, Eiweifs und Kohlehydraten bestände, nur einen bescheidenen Teil des notwendigen Nahrungsquantums decken könnte.

Die verwertbare Menge Nahrungsstoff müfste aber noch kleiner werden, falls ein erheblicher Teil des Kakaos im Organismus nicht genügend resorbiert und assimiliert würde.

Diese Frage ist nun eine viel umstrittene und viel beantwortete. Leider kann aber nicht gesagt werden, dafs in diesem Punkte Klarheit herrschte, oder dafs auch nur eine sichere Unterlage geschaffen wäre. Es bestehen hier die diametralsten Gegensätze. Die einen behaupten, der Kakao würde ausgezeichnet ausgenutzt, die andern sagen, es ginge davon die Hälfte verloren.

Wohl liegen eine Reihe Versuche vor, die zum Teil als Verdauungsversuche aufserhalb des Magens, zum Teil als Ausnutzungsversuche gedacht sind, allein die ersteren

können mit Menschenversuchen nicht auf eine gleiche Stufe gestellt werden, weil eben der Organismus anders arbeitet als wie
der chemische Versuch im Probierrohr angibt, und die bisherigen
Ausnutzungsversuche befriedigen ebenfalls nicht ganz, weil
sie zur Beurteilung unserer Fragen, wie wir sehen werden, nicht
ausreichen.

Würde der als »Nahrungsmittel« verwendete Kakao stets
von gleicher Zusammensetzung sein, so fiele die Beurteilung der Frage noch leichter. Da sich aber neuerdings die
Erscheinung bemerkbar macht, dem Kakao mehr Fett, als
bisher üblich war, zu entziehen, ihm also einen Teil seines
Nährwertes zu nehmen, so wird die Sachlage noch komplizierter.
Da über diesen Punkt überhaupt noch keine Untersuchungen
vorlagen und man infolgedessen auch nicht mit Sicherheit behaupten konnte, ob eine weitere Fettabpressung, wie bisher, den
Kakao physiologisch-hygienisch minderwertig macht, so waren
Untersuchungen auf wissenschaftlicher Grundlage durchaus not-
wendig und erwünscht.

Bevor ich jedoch auf diese Untersuchungen selbst eingehe,
sollen einige Phasen aus der Herstellung des Kakaopulvers, die
zur Orientierung notwendig sind, kurz besprochen werden.

Die Herstellung des Kakaopulvers und ihr Einfluſs auf die im Organismus zur Verwertung gelangenden Bestandteile desselben.

Das zur Bereitung des Kakaogetränkes verwendete Kakaopulver ist das Produkt aus den gerösteten, gebrochenen und
entschalten Bohnen, denen eine gewisse Menge Kakaofett oder
Kakaoöl durch Pressung entzogen ist.

Da Fett zu den wichtigsten Nährstoffen im Kakao gehört,
so muſs man allerdings vom Standpunkt des Ernährungsphysio-
logen aus bedauern, daſs dieser Anteil für die Ernährung verloren ist. Aber das Fett gibt allein nicht den Ausschlag. Es
sind noch Eiweiſskörper und Kohlehydrate in nicht un-
beträchtlicher Menge darin enthalten.

Die Bohnen weisen im Mittel[1]) auf:

E. 14,04   F. 50,22   K. 9,61 (Stärke).

Das Kakaopulver:

E. 20,33   F. 28,35   K. 15,60 (Stärke).

Anderseits spielen der Theobromingehalt, das Aroma, der Geschmack und das Aussehen des Präparates für die Beurteilung des Kakaos als Genufsmittel eine nicht unbedeutende Rolle.

Da bekanntlich uns die Kakaopflanze nur die rohen Bohnen liefert, so mufs erst auf künstlichem Wege ein geniefsbares Produkt hergestellt werden, welches in den einzelnen Ländern und Fabriken auf recht verschiedene Weise zustande kommt. Immerhin laufen die wesentlichen Phasen überall in derselben Weise ab, und es ist nur die Frage, ob durch die dabei oft sehr eingreifenden Manipulationen nicht die für den Genufs und den Nährwert des Kakaos wichtigen Bestandteile in Mitleidenschaft gezogen werden.

Nachdem die Bohnen den Früchten entnommen sind, bringt man sie in die Sonnenwärme zum Trocknen. Nimmt man vorher keine Manipulationen mit den Bohnen vor, so nennt man sie »ungerottet«, im Gegensatz zu einem Verfahren komplizierterer Natur, bei welchem die Bohnen vor dem Trocknen einer Art Fermentation unterworfen und dann als »gerottet« bezeichnet werden.

Die verschiedenen Methoden des Rottens[2]) bestehen in einer abwechselnden Besonnung und Verwahrung der Bohnen in Trögen, Fässern, Tonnen oder auf Haufen, wo sie sich stark erhitzen und zur Keimung gebracht werden. Letztere wird alsdann durch scharfes Trocknen unterbrochen.

Durch die eingeleitete Gärung werden manche Veränderungen eingeleitet. Als sichtbares Zeichen tritt die Braunfärbung der Samenlappen ein. Der ehedem vorhandene bittere

---

1) J. König, Chemie der menschlichen Nahrungs- und Genufsmittel. IV. Aufl., Bd. I, S. 1026.

2) Näheres bei Zipperer, Die Schokoladenfabrikation. Berlin, Krayn, 1901.

Geschmack des Kernes verschwindet und macht einem milderen Platz. Das Aroma tritt mehr hervor.

Die nach dem Trocknen in Säcke gefüllten und nach Europa gebrachten Bohnen werden ausgelesen, gereinigt und ›geröstet‹ oder ›gebrannt‹, eine Prozedur, die bei 130—140° C vorgenommen und sehr vorsichtig ausgeführt sein will. Hierbei wird das Aroma und der Geschmack noch weiter verbessert und eine Austrocknung der Schalen bewirkt, so dafs letztere sich später leicht ablösen lassen. Die Tatsache, dafs auch des Amylum der Bohnen quellen sollte, kann Hüppe[1]) nicht bestätigen. Bei unrichtiger Behandlung entstehen brenzliche Gerüche, es tritt Theobrominverlust ein, das Kakaoöl wird zersetzt und die Eiweifssubstanzen werden stark verändert; besonders kann ein zu starkes Erhitzen eine teilweise Zersetzung des Kakaofettes herbeiführen.

Weiterhin besorgen Maschinen das Brechen der Schalen und das Reinigen der Bohnen von Staub, wobei ca. 8—10% Schalen und Gries entfernt werden. Im Gegensatz zu früher ist man imstande, die Bohnen mit grofser Reinheit von allen Schalenteilen frei zu bekommen.

Die Kakaobohnen werden dann in Mühlen aufgenommen und zu Kakaomasse vermahlen, welcher später durch Pressung das Fett zum Teil entzogen wird.

Endlich folgt das Pulverisieren der entfetteten Masse zu dem üblichen Verkaufsprodukt. Vor dem Vermahlen, wohl auch vor dem Rösten, ev. auch nach dem Rösten oder nach dem Entfetten, wird ein wichtiges Verfahren eingefügt, welches jetzt allgemein geübt und als Aufschliefsungsverfahren bezeichnet wird. Das Produkt dieser Behandlungsweise sind die sog. ›löslichen Kakaos‹, die zuerst in Holland von van Houten, jetzt auch in Deutschland, England, Frankreich und der Schweiz fabriziert werden und wegen ihrer besseren Suspensionsfähigkeit in den letzten Jahrzehnten viel Anklang gefunden haben.

Das sog. ›Löslichmachen‹ besteht aber bekanntlich nicht in der Möglichkeit, die einzelnen Substanzen im Kakao in Lösung

---

1) Hüppe, Untersuchungen über Kakao. Hirschwald, 1905.

zu bringen, sondern nur im »Aufschliefsen« einzelner Bestandteile Man behandelt das Kakaopulver entweder mit Wasser
in der Wärme, mit oder ohne Druck, oder mit Alkalien. Die
sog. holländische Methode bedient sich des kohlensauren
Kali und Natrons, wohl auch der kohlensauren Mag-
nesia, das deutsche Verfahren des Ammoniaks und des
kohlensauren Ammons. Alle Methoden bewirken — und
das ist der wichtigste Zweck des Verfahrens — dafs die Gewebs-
elemente in der Weise verändert werden, dafs das Pulver, wenn
es in Wasser gerührt wird, länger suspendiert bleibt. Hüppe[1]),
welcher sich neuerdings mit dem Aufschliefsungsverfahren eingehend beschäftigt hat, hält die holländische Methode für
die beste, weil sich in der Tat eine gewisse wirkliche Löslichkeit
mancher Bestandteile bemerkbar macht und auch eine unverkenn-
bare Farbenverbesserung des Kakaos zustandekommt. Seiner
Ansicht nach wird auch die Kakaogerbsäure in eine lösliche
Salzform übergeführt, welche als lösliches Alkalisalz alsdann
nicht mehr zur Sedimentierung beitragen kann, wie das die
hochmolekularen gerbsäurehaltigen Glykoide, die wie ein Klär-
mittel wirken, tun.

Man wird also die Aufschliefsung des Kakaopulvers nicht
nur für unbedenklich, sondern auch in Hinsicht auf die aromatischen und ernährenden Bestandteile für günstig halten müssen;
Hüppe bezeichnet eine Aufschliefsung mit Wasserdampf als
unrationell, weil die Stärke dadurch alteriert wird.

Eine ebenfalls tief eingreifende Manipulation ist die Abpressung des Fettes aus der Kakaomasse.

Der erste, der entfettete, sog. »entölte« Kakaopulver in den
Handel brachte, war J. P. van Houten in Weesp in Holland.
Jenes Verfahren, welches 1828 bekannt wurde, führte sich später
auch bei uns und in andern Ländern ein, und heutzutage sind
diese Präparate überall sehr beliebt. Das Kakaoöl wird aber
dabei nicht vollständig entfernt, sondern nur bis zu einem gewissen Prozentsatz. In üblicher Weise entzieht man den 50—56%

---

1) Hüppe, a. a. O

Fett enthaltenden Bohnen so viel, dafs das Pulver noch 25—35%
enthält; daher kann man auch nicht von entöltem, sondern von
höchstens teilweise entöltem Kakao sprechen.

Neuerdings wird von einer Firma[1]) allerdings ein Produkt
in den Handel gebracht, bei dem die Ölabpressung bis zu 15°
getrieben ist.

Früher prefste man die Kakaobohnen zwischen auf 100° er-
wärmten Platten aus, so dafs man bis zu 50% Kakaoöl erhielt.
Jetzt werden im allgemeinen hydraulische Pressen verwendet,
welche bei hohem, 200—400 Atm. betragendem Druck, ohne besonders hohe Temperatur, gestatten, das Fett bis zu einem bestimmten
niederen Prozentsatz auf einmal abzupressen oder durch eine
Vor- und Nachpressung schrittweise bis auf 10% zu entfernen.

Die Frage liegt hier sehr nahe, dafs das Kakaopulver, ev.
auch das Kakaofett, ungünstig in Mitleidenschaft gezogen wird.

Von einem sehr hohen Druck wird man keine Schädigungen
zu erwarten haben, eher dagegen von einer zu hohen Temperatur. Da aber bei den modernen Riesenpressen dieselbe 57°
nicht überschreiten soll[2]), so wäre weder eine Zersetzung des
Eiweifses noch des Fettes zu befürchten.

Anders verhält es sich damit, ob der Geschmack, das
Aroma, die Ausnutzbarkeit, Verdaulichkeit und Bekömmlichkeit des Kakaos dieselben bleiben.

Über den Geschmack, welcher unter allen Umständen
durch die verschiedenen Prozeduren, ehe das Pulver verkaufs-
fertig ist, verändert wird, sei es nach der besseren, sei es nach
der schlechteren Seite hin, ist nicht viel zu diskutieren, weil der
Geschmack zu individueller Natur ist.

Wir sind an einen, dem Kakao eigentümlichen, angenehmen
(Gewürz?) Geschmack gewöhnt und kennen den ›Kakaoeigengeschmack‹ gewöhnlich noch gar nicht. Es ist deshalb schon
möglich, dafs mancher auch Vorliebe für einen fremdartigen
Geschmack bekommen und haben kann.

[1) Reichardt in Wandsbeck.
2) Luhmann, Der Kakaokrieg. Nahrungsmittelwarte. Ärzte-Nummer.
Nov. 1905, S. 3.

Immerhin scheint mir der Geschmack, auch der »Kakaoeigengeschmack«, unter gewissen Bedingungen, auf die ich im zweiten Teil der Arbeit zu sprechen kommen werde, doch leiden zu können.

Letzteres dürfte auch bei dem Aroma möglich sein:

Über den Sitz des Aromas sind die Autoren noch geteilter Meinung.

Die meisten Forscher[1]) glauben, das Aroma dem Kakaorot zusprechen zu sollen, welch letzteres nach Hilger[2]) sich aus dem Kakaonin, dem Kakaoglykosid durch ein diastisches Ferment während des Rottens bildet. Durch das Rösten der Bohnen wird das Aroma verstärkt. Dafs das Kakaoöl der ursprüngliche Träger des Aromas sei, wäre demnach zu verneinen.

Prefst man aber aus fermentierten und gerösteten Bohnen das Fett ab, so nimmt dasselbe einen gewissen aromatischen Geruch, wenn auch in geringem Mafse, an. Daher ist wohl die Überlegung richtig, dafs aromatische Stoffe, mögen sie nun im Kakao vorhanden sein oder erst durch eingeleitete Prozesse hervorgebracht werden — falls sie zu der Natur der ätherischen Öle gehören — im Kakaoöl gelöst und festgehalten werden. Damit wäre auch dann vereinbar, dafs das abgeprefste Kakaoöl wirklich »aromatisch« riecht.

Nach Iuckenack und Griebel[3]) ist das Kakaoöl als Träger des Aromas anzusehen, während Schmidt[4]) den minimalen Feuchtigkeitsgehalt des abgeprefsten Kakaos als Überträger des Kakaogeruches bezeichnet. Wie dem auch sein mag, das Aroma scheint doch mindestens dem Kakaoöl anzuhaften. Ein Beweis dafür kann auch darin gefunden werden, dafs das abgeprefste Öl von gewürztem Kakao sehr stark danach duftet.

1) Zipperer, a. a. O., S. 50. Auch Hüppe schliefst sich dieser Meinung an.

2) Hilger, Deutsche Vierteljahrsschrift f. öffentl. Gesundheitspflege, 1893, Heft 3.

3) Iuckenack und C. Griebel, Zeitschrift für Untersuchung der Nahrungs- und Genufsmittel, 1905, Bd. X, Heft 1 u. 2.

4) Schmidt, Zeitschrift für öffentliche Chemie, 1905, Heft XVI.

Ich habe mich durch Kakaoölproben von gewürztem und ungewürztem Kakao überzeugen können, dafs hier der Geruch sehr stark, dort auch ein Geruch, aber ein anderer, viel schwächerer, vornehmlich auftrat.

Da wir nun gerade im Aroma den hohen Genufswert des Kakaos schätzen, so ist es keineswegs gleichgültig, ob wir dem letzteren Aroma entziehen.

Das Theobromin ist ein von Woscressensky[1]) aus dem Kakao isolierter bitterer Stoff, welchen man jetzt zu den Diureiden rechnet, und welcher mit dem Koffein nahe verwandt ist. Die nicht unbedeutenden Mengen, die in den verschiedenen Kakaosorten von 0,88—2,34% schwanken, sind zum Teil als freies Theobromin in den Bohnen enthalten, zum Teil finden sie sich an das Kakaorot, dem Glykosid des Kakaosamens noch gebunden und können nur durch chemische Eingriffe in Freiheit gesetzt werden.

Die chemische Zusammensetzung ist auch wie die physiologische Wirkung der des Koffeins ähnlich. Bei den verhältnismäfsig geringen Mengen, die bei einigen Tassen Kakao vom üblichen (25—35%) Fettgehalt genossen werden, dürfte uns kaum die toxische Wirkung des Theobromins zum Bewufstsein kommen. Bei gröfseren Mengen über 50 g hinaus tritt sie in geringem Mafse, ein und sie wird empfindlicher, wenn in gleichen Mengen sehr stark entfetteter Kakao genossen wird, weil durch die Abpressung des Öles prozentual die andern Substanzen und mit ihnen auch das Theobromin vermehrt wird. Die Beobachtungen bei den unten angestellten Versuchen[2]) lassen diesen Faktor deutlich erkennen.

Die letzte Phase in der Bereitung des Kakaopulvers ist das Pulverisieren und Sieben. Die Prefskuchen werden nach der Entfettung zerschlagen und in der Mühle zu einem feinen Pulver gemahlen, um endlich durch äufserst feinmaschige Siebe (bis zu 2000 Maschen auf 1 qcm) getrieben zu werden.

---

1) Woscressensky, Annalen d. Chemie u. Pharmazie, 1841, Bd. 41, S. 125.

2) Besonders im zweiten Versuche.

Die Feinheit des Pulvers hat eine gewisse Bedeutung für die »Suspensionsfähigkeit« des Kakaos im Wasser und damit auch für das Aussehen und die Bereitung des Getränkes. Je homogener und länger ein trinkfertiger Kakao besteben bleibt, desto mehr wird er vorgezogen werden. Die Suspensionsfähigkeit hängt aber auch noch ab von dem Fettgehalt und der Aufschliefsungsmethode, und da diese Dinge eben in vielen Sorten verschieden sind, so ergeben sich auch manche Differenzen, auf die wir im II. Teil der Arbeit näher eingehen werden.

Ob die »Bekömmlichkeit« mit der zu starken Entfettung oder einem zu hohen Fettgehalt, ob mit der Entziehung des Aromas, der feineren oder gröberen Pulverisierung oder dem Gerbsäuregehalt, ob mit dem Theobromin oder Aschegehalt zusammenhängt, ist schwer zu sagen. Die Bekömmlichkeit ist durchaus individuell. Was dem einen bekommt, braucht dem andern noch nicht zuzusagen. Beim Kakao liegt die Sache genau so wie bei andern Nahrungsmitteln, z. B. der Milch, und man braucht wohl in solchen Fällen von »Nichtvertragen« nicht immer das Präparat anzuschuldigen, sondern mufs oft eher den Magen des einzelnen zur Verantwortung ziehen.

Bei dem Begriff der Bekömmlichkeit spielt auch die schein-bar durch den Kakao bedingte »Verstopfung« eine grofse Rolle. In den Kakaobohnen findet sich Gerbsäure, die dem reinen Kakaorot chemisch sehr nahe zu stehen scheint oder wohl direkt auch mit dem Kakaorot identifiziert wird. Sie soll die verstopfende Wirkung des Kakaos ausüben, aber durch den Fettgehalt desselben einigermafsen paralysiert werden. [1] Ein höherer Fettgehalt würde darum günstiger wirken, ein niederer aber um so weniger, weil durch Fettentzug die andern Substanzen, und mithin auch die Kakaogerbsäure, vermehrt würden.

Die verstopfende Wirkung des Kakaos werden wir aber, wie wir im II. Teil sehen, nicht zu tragisch aufzufassen brauchen, da sie keine dem Kakao eigentümliche Eigenschaft ist.

---

1) Hüppe, a. a. O., S. 16.

Für den Kakaokonsumenten spielt gewöhnlich auch die ›Verdaulichkeit‹ des Kakaos eine Rolle. Mit diesem Begriff, der für den Physiologen wie Hygieniker derselbe, für das Publikum aber ein ganz verschiedener ist, wird nur zu oft Mifsbrauch getrieben.

Als unverdaulich bezeichnet das Publikum eine Speise, die ein Unbehagen, vielleicht auch Übelsein hervorruft, während der Physiologe und Hygieniker unverdauliche Speisen [1]) solche nennt, die nicht oder nicht genügend ausgenutzt werden.

So hört man öfters: der Kakao (der übliche, 25—30 % Fett haltende) ist zu fett und zu schwer verdaulich, oder er ›stelle zu starke Anforderungen an die Verdauungskraft des menschlichen Darmkanals‹ [2]), mithin sei es unrichtig, diesen Kakao zu geniefsen, und man müsse sich eines geringer fetthaltigen bedienen. Diese Deduktionen sind aber nicht richtig. Das ›schwer verdaulich‹ ist einer Indisposition des betreffenden Organismus zuzuschreiben, der vielleicht nach solchem Kakao ein Unbehagen fühlt; es hat aber schwer Verdauliches mit dem Fettgehalt recht wenig zu tun, besonders, da [3]) (siehe auch die Versuche) das Kakaoöl ausgezeichnet ›verdaulich‹ ist.

Als nicht ›verdaulich‹ im physiologischen Sinne könnte dann noch das Eiweifs des Kakaos angesprochen werden.

Dasselbe ist in den Kakaobohnen in reichlicher Menge, ca. 14—15 %, vorhanden und zwar in der Hauptsache als Globuline. Wie bei allen pflanzlichen Eiweifskörpern, so sind auch beim Kakao dieselben nur zum Teil ausnutzbar, weshalb der Nährwert des Kakaos hinsichtlich seiner Eiweifskörper etwas sinken würde. Zipperer [4]) fand, dafs in den ungerotteten Bohnen mehr wasserlösliches Eiweifs vorhanden ist als in den gerotteten. Es hat also den Anschein, als ob bei den feineren Kakaosorten, die beim Rotten einer besonders sorgfältigen Behandlung unterzogen werden, durch die hierbei eintretenden,

---

1) Forster, Hygien. Rundschau, 1900, S. 304.
2) Schmidt, Zeitschrift f. öffentl. Chemie, 1905, Heft XVI.
3) Bendix, Therapeutische Monatshefte, 1895, S. 345.
4) Zipperer, a. a. O., S. 61.

fermentativen Umsetzungen das Eiweifs schwerer löslich wird.
Stutzer[1]) meint sogar, dafs das verdauliche Eiweifs durch eine
zu hohe Rösttemperatur gröfstenteils unverdaulich wird.

Praktisch könnte es sich bei der Unverdaulichkeit des
Eiweifses eben nur um wirklich »unresorbierbares« Eiweifs, d. h.
um einen Verlust an Eiweifs handeln, aber nicht um eine Aus-
lösung eines unbehaglichen Gefühles durch dieses unresorbier-
bare Eiweifs.

Die bisherigen experimentellen Versuche zur Feststellung des Kakaonährwertes und Genufswertes.

Aus den vorausgehenden Besprechungen ergibt sich, dafs
vor allen Dingen zur Beurteilung des Nähr- und Genufswertes
des Kakaos in Betracht kommen: der Eiweifsgehalt, der
Fettgehalt, der Geschmack, das Aroma und das Theobromin.

Bei den experimentellen Versuchen, deren Zahl im Verhältnis zur Wichtigkeit der Sache nicht sehr hoch ist, stellte
man das Eiweifs immer in den Vordergrund, und es entstanden
zwei Arten von Versuchen: die Verdauungsversuche, zum
Teil im Magen selbst, zum Teil mit künstlichem Magen-
safte angestellt und die Ausnutzungsversuche am Menschen.

Von den ersteren teilt Schlesinger[2]) Versuche mit, bei
denen es darauf ankam, die Aufenthaltsdauer verschiedener
Quantitäten und verschiedener Zubereitung von Kakao im Magen
zu prüfen. Es wurden gewisse Mengen Kakao von 11—33 g mit
Wasser, Milch und Zwieback nüchtern genossen, am Ende der
Verdauung Proben dem Magen entnommen und so die Verdauungszeit festgestellt. Sie betrug im Mittel 2¼ Std. Die
Konzentration hatte so gut wie gar keinen Einflufs auf die
Magenverdauung ausgeübt, dagegen dauerte letztere länger, wenn
die Zubereitung mit Milch und Wasser oder reiner Milch als mit
reinem Wasser geschah.

---

1) Stutzer, Zeitschr. f. anorgan. Chemie, 1891, Nr. 12, 369, Nr. 20, 600.
2) Schlesinger, Deutsche med. Wochenschrift, 1895, Nr. 5.

In ganz ähnlicher Weise gestaltete A. Beddies[1] seine Versuche. Er benutzte sechs verschiedene Kakaosorten: van Houtens Kakao, Marke Helios, Sanitas, Economia, Halb und Halb und Kasseler Haferkakao und erhielt als Resultat ungefähr die gleichen Zahlen von ca. 2 Std. wie Schlesinger. Nur die Haferkakaoverdauung fiel $\frac{1}{2}$ Std. später.

Derartige Versuche konnten natürlich nur entscheiden, ob und in welcher Zeit der Magen mit den gegebenen Stoffen fertig wurde, nicht aber, wieviel von ihnen dem Körper wirklich zugute kam.

In dieser letzten Beziehung brachten die Verdauungsversuche mit künstlichem Magen-, resp. Magen- und Pankreassaft von Cohn[2] einige Aufklärung. Er ließ rohe Kakaobohnen, entfettete Kakaomasse und auch »Handelspulver« künstlich verdauen und fand im Mittel 51,45% verdaulich. Das »Handelspulver«, welches mit Magen- und Pankreassaft angesetzt war, wurde zu 52,64% verdaut. Die günstigsten Zahlen für die Eiweißverdauung stiegen bis 64% Verdaulichkeit, wobei aber berücksichtigt werden muß, daß der Theobrominstickstoff[3] nicht in Rechnung gezogen war. Nach Abzug desselben würde die Zahl noch um ein Geringes sinken.

Diese Versuche stimmen ziemlich gut mit Stutzers[4] Verdauungsversuchen überein, welcher im Kakao ca. 40% unverdauliches Eiweiß fand.

Auch Forster[5] stellte fest, daß durch künstliche Versuche ca. 39—40% unverdaut blieben. Die Menge der unverdaulichen stickstoffhaltigen Substanzen würde nach Forster aber noch höher steigen, wenn man nur diejenigen Stoffe berücksichtigt, welche von Anfang an im Kakao in unlöslicher Form enthalten sind. Von den 3,21 g Stickstoff, welche in 100 g Kakao von Forster bestimmt wurden, sind 1,43 g in Körpern enthalten,

---

1) A. Beddies, Über Kakaoernährung. Berlin, Konrad Skopnik, 1897.
2) Cohn, Zeitschrift f. physiolog. Chemie, 1895, 91, 1.
3) Vgl. die späteren Besprechungen über Theobrominstickstoff.
4) Stutzer, Zeitschrift f. physiolog. Chemie, Bd. 11, S. 207.
5) Forster, Hygien. Rundschau, 1900, S. 304.

die in Wasser löslich sind, dagegen 1,78 g in Stoffen, die durch Wasser nicht extrahiert werden können. Von den 1,78 g werden bei der künstlichen Verdauung nur etwa 0,5 g = 28,1% der un- löslichen Stickstoffsubstanzen in Lösung gebracht; 79,9% bleiben unverdaut. Nach Forster sind von den stickstoffhaltigen Kör- pern überhaupt

in Wasser löslich und verdaulich . 1,43 = 44,5 %
»   »   unlöslich u. unverdaulich 0,5 = 15,6 »
unverdaulich . . . . 1,28 = 39,9 »
$$\overline{\qquad\qquad\qquad\qquad 3,21 = 100\%}$$

Nun sagt aber Forster ganz richtig, man könne den Menschen nicht mit künstlichen Verdauungsversuchen ver- gleichen.

Man findet bei Verdauungsversuchen zwar, wie viel unver- daut zurückbleibt, aber man weiß nicht, ob das im Glas »ge- löste« Eiweiß auch wirklich assimiliert worden wäre.

Deshalb sind auch nur Versuche am Menschen zur Be- urteilung in erster Linie entscheidend. Forster selbst stellte an 14 Menschen Versuche an, welche in der Regel eine Woche dauerten. »Die angewandten Abwechslungen in den Versuchen betrafen vorzugsweise die Mengen des genossenen Kakaos und die Größe des Milchzusatzes, während der Einfluß der Jahres- zeiten die entsprechende Berücksichtigung fand.« [1] Die Ergeb- nisse, ohne Rücksicht auf die Variationen, waren folgende: ver- daut wurden:

Trockensubstanz . . . 90%
Stickstoffhaltige Stoffe . 80%
Fette 100%
Asche . . . . . . 100%.

Nach diesen Versuchen wäre die Ausnutzung der N-haltigen Stoffe mit 80% eine ausgezeichnet gute im Gegensatz zu den

---

[1] Nähere Angaben sind in dieser Arbeit von Forster nicht gemacht worden. Er verweist zwar auf spätere ausführliche Mitteilungen von seiten des Herrn Dr. Bruns. Aus einer freundlichen Mitteilung des letzteren erfuhr ich, daß eine weitere Publikation nicht erfolgt sei. Es wäre zur ver- gleichenden Beurteilung willkommen gewesen, wenn Angaben über die Menge des eingeführten Kakaos vorhanden gewesen wären.

künstlichen Verdauungsversuchen, die nur ca. 60% verdauliche
Eiweifsstoffe ergaben.

Ein zweiter Versuch von Forster sollte entscheiden, ob
der Kakao besser ausgenutzt würde, wenn man 20 g (2—3 Tassen)
oder 60 g (8 Tassen) Kakao pro die einnähme.

Die bekannte Erfahrung, dafs manche Speisen, wenn sie in
grofsen Mengen genossen werden, weniger verdaulich sind als
in kleinen Mengen, zeigte sich auch hier.

Es ergaben sich als ausgenutzt bei Einnahme von:

	20,0 Kakao	60,0 Kakao
Trockensubstanz	100 %	75,6 %
N-Körper . . .	83,9 »	77,4 »
Fett	100,0 »	93,9 »
Asche	100,0 »	100,0 »

Hieraus ersieht man, dafs bei etwas gröfseren Gaben, wie
sie allerdings kaum vom Einzelnen pro Tag genossen werden,
die Ausnutzung etwas schlechter ist als bei 20,0 Einnahme,
jedoch ebenfalls noch als recht gut bezeichnet werden mufs.

Den scheinbaren Widerspruch, der darin liegt, dafs von den
Stickstoffverbindungen nur 83,9%, von der Trockensubstanz aber
100% ausgenutzt wurden, sucht Forster auf den Einfluſs der
Milch, welche in Verbindung mit dem Kakao genossen wurde,
zurückzuführen. Er fand, dafs bei:

	Milch allein	Milch mit 20 g Kakao	Milch mit 60 g Kakao
von der Trockensubstanz	91,6	92	90,8
Stickstoffhaltige Körper .	93,0	93,2	92,4
Fette	96,0	96,3	95,6
Aschebestandteile . . .	56,7	66,1	63,1

ausgenutzt wurden.

Es soll also der Kakao in Verbindung mit Milch nicht nur
selbst sehr gut verdaut werden, sondern auch die Ausnutzung
der Milch verbessern.

Die Beobachtung läfst aber noch eine andere Deutung zu,
sobald man sich nicht mit der Ausnutzuug des Stickstoffes allein

begnügt, sondern den Gesamtstickstoff-Stoffwechsel ins Auge fafst. Hierüber soll aber weiter unten Aufschlufs gegeben werden.

Ähnliche günstige Resultate wie die oben besprochenen erzielte auch Schlesinger[1]).

Auf eine Vorperiode aus ³/₄ l Milch, 250 g Fleisch, 300 g Weifsbrot und 100 g Schmalz folgte eine Hauptperiode, in der an Stelle eines halben Liters Milch **60 g** Kakao und 10 g Zucker gegeben wurden. Die Periode hielt 3 Tage an.

Die Einnahmen betrugen an:

	Stickstoff	Fett	Trockensubstanz
In der ganzen Vorperiode:	42,8	390,7	1274,1 g
pro die	14,3	130,2	424,7 »
In der ganzen Hauptperiode:	47,5	401,5	1366,4 »
pro die	15,8	133,8	455,5 »
Im Kot wurden ausgeschieden:			
In der ganzen Vorperiode:	5,7	16,5	96,7 »
= 13,4	= 4,2	= 7,6 %
In der ganzen Hauptperiode:	7,5	11,4	136,6 »
= 15,8	= 2,8	= 10 %.

Es verschlechtert sich die Ausnutzung der Stickstoffsubstanz und der Trockensubstanz in der Kakaoperiode sogar nur um 2%, während die Fettverdauung aufserdem verbessert wurde.

Beddies[2]) untersuchte in zweitägigen Perioden eine Reihe verschiedenen Kakaos: Helios, van Houten, Economia, Haferkakao, Halb und Halb, die er nebst Fleisch, Brot, Reis, Milch, Butter und Zucker in Mengen von täglich **50 g** genofs.

Während in der Vorperiode aus seiner Nahrung an:

	Eiweifs	Fett	Trockensubst.	
	13,44	3,81	7,37 %	zu Verlust gingen,
fanden sich bei Helios	15,65	2,34	9,32 »	
van Houten .	16,3	2,61	11,34 »	
Economia . .	16,14	2,61	10,34 »	
Haferkakao . .	14,43	3,17	8,05 »	
Halb und Halb	15,73	2,94	8,82 »	unausgenutzt.

1) Schlesinger, a. a. O.
2) Beddies, a. a. O.

Wir haben also dieselben günstigen Verhältnisse wie bei Schlesingers Versuchen. Es handelt sich bei der Stickstoffsubstanz bei Kakaogenufs auch nur um ca. 2% schlechtere Ausnutzung, beim Fett um eine geringere Verbesserung.

Bemerkenswert sind nach diesen günstigen Ergebnissen die Resultate von Beddies, die er bei einmaliger Einnahme von **150 g** Kakao gewann.

Von der Marke

Sanitas   wurden nicht verdaut 44,7% stickstoffhalt. Substanz
van Houten   »   »   »   45,9 »   »   »

Auch die Fettresorption hatte gelitten. An Stelle der Fettmenge von ca. 2,6% waren unverdaut geblieben

bei Sanitas . . . 6,6%

» van Houten . 6,1 »

Diese Befunde würden ähnlich wie bei den Forsterschen dafür sprechen, dafs bei der Einnahme grofser Kakaomengen auch mehr davon zu Verlust geht.

Beispiele für diese Annahme bieten auch die von König[1]) mitgeteilten Versuche von Weigmann und Lebbin.

Lebbin[2]) gab einer Person drei verschiedene Kakaosorten mit Wasser und Zucker und zwar von jeder Sorte 188—304 g. Davon wurden unausgenutzt ausgeschieden:

bei Nr. I   58,94% Stickstoffsubstanz   3,87 Fett
»   » II   54,83 »   »   2,78 »
»   » III   58,42 »   »   3,27 »

Leider wissen wir nicht, bei welchem Versuch bis zu 300 g Kakao gegeben wurden. Vermutlich sind es aber die so erheblichen Mengen allein, die den Grad der Ausnutzung so herabdrücken.

Nach H. Weigmanns Versuchen, dessen Resultate genau so ungünstige Zahlen liefern, wie wir sie bei Lebbin finden, scheint es, als ob schon bei ca. 200 g Tagesgabe die Ausnutzung des Kakaos nur zur Hälfte stattfände.

---

1) König, Zusammensetzung der Nahrungs- und Genufsmittel. 3. Aufl., II, 245, 244.

2) Lebbin, Genauere Angaben fehlen.

Weigmann nahm 2 Tage lang 195 g in Wasser gekochtes Kakaopulver neben Bier oder Wein.

	N.	Fett	Kohlehydrate	Asche
Die Einnahmen betrugen au:	6,45	53,21	40,17	10,47
» Ausgaben » »	3,74	3,81	0	11,48
Somit blieben unausgenutzt	58,5%	5,5%	0%	

Aus den eben besprochenen, bisher angestellten Versuchen geht hervor, dafs man bezüglich der Stickstoffaus-nutzung zu einer einheitlichen Ansicht nicht gelangt ist, die Schwankungen, in denen die Ausnutzung erfolgen soll, sind im Gegenteil aufserordentlich weite. Man fand von 2—58% unverdauliches Eiweifs.

Vermutlich hat das seinen Grund einmal in den variablen Mengen, die man benutzte, und darin, dafs man, ohne Wert auf diesen Punkt zu legen, die gefundenen Werte für den Kakao verallgemeinerte, dann aber spielt auch die Ausnutzung der neben dem Kakao mitgereichten Nahrungsmittel eine Rolle, und endlich kann man sich, wenn nur einseitig bei dieser Frage der Kot-stickstoff berücksichtigt wird, kein ganz sicheres Urteil bilden.

Es ist mir nur eine Arbeit von Cohn[1]) begegnet, welcher bei seiner Untersuchung aufser dem Kotstickstoff auch den Harnstickstoff bestimmt hat.

Er nahm während 4 Tagen neben 50,0 Zucker, 2 Weifsbroten, 200,0 Fleisch und 20,0 Butter 110—130,0 Kakao mit einem Gehalt an:

Tag	I	II	III	IV
Stickstoff . .	14,0	13,7	14,7	14,3
Fett	55,6	52,3	49,0	58,9
Kohlehydrate	214,5	223,3	192,1	215,7

Die Ausgaben betrugen:

	I	II	III	IV
Harnstickstoff .	11,2	10,1	10,5	12,7
Kotstickstoff . .	3,8	3,8	3,8	3,8

---

1) Cohn, Zeitschrift f. physiolog. Chemie, 1895, 91.

Die Summe des in 4 Tagen
eingenommenen Stickstoffs beträgt 56,83 g
ausgeschiedenen   »   »   im Harn 44,62
    »   »   »   im Kot 13,94
                                      58,56

Es sind also aus der Gesamtnahrung 13,94 g = 24,5% Stickstoff im Kot wieder erschienen.

Nach genauer Berechnung des Anteils von Kotstickstoff, welcher auf den Kakao entfällt und unter Berücksichtigung des normalen Darmsaftstickstoffs nebst den Werten, die für das ausgeschiedene Theobromin in Abzug gebracht worden sind, beläuft sich der unverdauliche Anteil des Kakaostickstoffs auf 46,3%.

Berücksichtigt man bei der Stickstoffausscheidung im Kot, die von Bondzynski und Gottlieb[1]) und von Rost[2]) gemachte Beobachtung, wonach das Theobromin aller Wahrscheinlichkeit im Kote gar nicht zur Ausscheidung gelangt, so würde die Zahl 46,3% eine kleine Korrektur zum Besseren erfahren müssen. Jedoch ist diese Differenz ganz unbedeutend. Im ganzen scheint mir die Berechnung des Verfassers das Richtige getroffen zu haben.

Darnach wäre allerdings die Ausnutzung des Kakaostickstoffs wesentlich schlechter als wie sie Forster, Beddies und Schlesinger finden. Sie stimmt eher mit den ungünstigeren Resultaten von Weigmann, Lebbin überein, welche freilich zum größten Teil durch die großen Gaben veranlaßt waren.

Die Verdauung des Kakaofettes ist in allen angestellten Untersuchungen als eine recht günstige zu bezeichnen. Abgesehen von den zwei weniger gut erklärbaren Fällen von Beddies und Schlesinger, in denen das Kakaofett noch besser als das in der Vorperiode gegebene Nahrungsfett ausgenutzt wurde, zeigen doch die Versuche aller genannten Autoren eine Ausnutzung von 94—97%, Forsters Versuche eine solche bis zu 100%.

1) Bondzynski und Gottlieb, Archiv f. experimentelle Pathologie u. Pharmakol.
2) Rost, Archiv f. experim. Pathologie u. Pharmakol., Bd. XXXVI.

Auch die Versuche von Benedix[1]) und Zuntz[2]), welche mit Schokolade gearbeitet haben, beweisen, daſs das Kakaofett in den angegebenen Breiten verdaut wird.

Eigene Versuche.

Die Versuche, die ich an mir selbst ausgeführt habe, verfolgten den Zweck, gewisse Punkte, die bisher nicht sicher festgestellt sind, der Erklärung näher zu bringen und Anderes, was durch die besprochenen Experimente nicht aufgehellt werden konnte, auf eine sicherere Grundlage zu stellen. Endlich sollten durch längere Stoffwechselversuche mit möglichst einwandfreier Versuchsanordnung einige praktisch hygienische Fragen über den Nähr- und Genuſswert des Kakaos, wie sie neuerdings hervorgetreten sind, ihre Beantwortung finden.

In den Vordergrund des Ganzen trat die Frage: In wieweit ist der Kakao ein Nahrungs- und Genuſsmittel?

Die Beantwortung versuchte ich auf experimentellem Wege zu führen durch Versuche über Resorption und Assimilation des Eiweiſses, des Fettes und der Kohlehydrate.

Hieraus folgten weitere Fragen, von denen nur einige angedeutet werden sollen:

Werden groſse Mengen Kakao schlechter ausgenutzt als kleine?

Ist ein fettreicher Kakao einem mehr entölten vorzuziehen oder umgekehrt?

Vermehrt der Kakao die Kotabscheidung und die Urinmenge?

Wie wirkt das Theobromin?

Bringt der Kakao Verdauungsbeschwerden, Verstopfung?

Wie verhält es sich mit der Suspension des Kakaos?

Wie ist die Korngröſse bei Kakaosorten?

Beeinfluſst das Aroma den Genuſswert?

Wie verhalten sich »Schalenreiche« Kakaos im Magendarmkanal?

Worin besteht der Genuſswert des Kakaos?

---

1) Benedix, Therapeutische Monatshefte, 1895, S. 345.
2) Zuntz, Therapeutische Monatshefte, 1890, Oktoberheft.

Wie beeinflufst die mit dem Kakao eingenommene Nahrung
die Ausnutzung des Kakaos, und wie wird dieselbe durch den
Kakao beeinflufst?

Eine wichtige Frage bei den Versuchen betraf das zur Verwendung gelangende Material. Es ist natürlich nicht gleichgültig,
was für eine Kakaosorte man wählt, denn es kommt ganz darauf
an, welcher Zweck mit dem Versuch verfolgt wird.

Das eine ist jedenfalls sicher: Soll die Frage entschieden
werden, ob der Kakao besser verwertet wird, wenn man gröfsere
oder wenn man geringe Mengen nimmt, oder handelt es sich
darum, zu erfahren, ob ein fettreicherer Kakao einem fettärmeren
vorzuziehen ist, so mufs das Experiment unter allen Umständen
mit der gleichen Sorte Kakao, d. h. vom gleichen Ursprung
und gleicher chemischer Zusammensetzung vorgenommen werden.

Erst nachdem auf diese Weise eine sichere Grundlage
geschaffen ist, wie dieser bestimmte Kakao verwertet wird und
vor allen Dingen, welche Bedeutung der Fettgehalt hat, kann
man verschiedene Handelssorten mit höherem und niederem Fettgehalt vergleichen. Andernfalls würde man ja nicht sicher sein,
ob nicht etwa schon die chemische Zusammensetzung der anderen
Präparate den eventuellen Unterschied hervorgebracht hätte.

Stoffwechselversuche mit gröfseren oder geringeren Mengen
Kakao derselben Provenienz sind meines Wissens noch nicht
gemacht (ob bei den Forsterschen Ausnutzungen Versuche mit
20 und 60 g Kakao pro Tag das Material der gleichen Sorte entstammte, ist nicht angegeben).

Und Versuche — auch nicht Ausnutzungsversuche
— welche sich mit der Bedeutung von fettreicherem
und fettärmerem Kakao beschäftigen, sind überhaupt
noch nicht vorgenommen worden.

Es war also noch keine Beweise da, auf Grund deren Vergleiche
von Handelssorten mit verschiedenem Fettgehalt gemacht werden
konnten. Auch war es klar, dafs eine einfache Berechnung der
Kalorien der fettreicheren und fettärmeren Sorte im Ernst keinen
Beweis für den Vorzug der einen vor der anderen Marke geben
konnte.

Ich habe infolgedessen für die diesbezüglichen Versuche mir von der Firma Gebrüder Stollwerk in Köln aus ein und der-selben Bohnensorte (Aribabohnen) einen Kakao von mittlerem Fettgehalt, wie er allgemein üblich ist, und einen von minderem Fettgehalt herstellen lassen, der nach meinen Analysen 34,2% resp. 15,2% betrug.

Für den Versuch über die Verwertbarkeit eines ›Schalen-reichen‹ Kakao wurde ein Material benutzt, dem der gesetzlich zulässige Schalengehalt von 2% belassen war.

In dem zweiten Teil der Arbeit werden dann noch Versuche mit 7 verschiedenen Handelssorten folgen, die dem freien Verkauf entnommen sind.

Die Anordnung der hier im ersten Teil der Arbeit mit-geteilten Versuche, welche im ganzen 43 Tage in Anspruch nahmen, war folgende:

An eine Vorperiode von 6 Tagen schlossen sich 8 fünftägige Perioden an, in denen verschiedene Fragen beantwortet werden sollten, worauf eine dreitägige Nachperiode den Schluſs bildete.

Die Nahrung während des Versuches war einfach gewählt, ähnlich wie ich sie bei meinen früheren Versuchen über Alkohol[1]), Borsäure, verschiedene Nährpräparate usw. benutzte. Sie bestand aus Cervelatwurst, Briekäse, Roggenbrot, Schweinefett und Zucker.

Die Durchschnittszahlen aus den von mir ausgeführten Analysen sind in der Tabelle auf S. 23 in Prozenten ersichtlich.

Die Nahrung wurde in der Zeit von 7 Uhr morgens bis 7 Uhr abends in Zwischenpausen von 2—3 Stunden eingenommen. Vom Kakao machte ich eine Aufschwemmung mit heiſsem Wasser und nahm ihn in kleinen Portionen tagsüber neben der anderen Nahrung. In dem während 24 Stunden gesammelten Harne wurde täglich die Stickstoffmenge bestimmt. Jeder Tageskot wurde für sich getrocknet und gewogen. Zur Be-

---

1) R. O. Neumann, Münchner med. Wochenschrift, 1898, 3 u. 4; 1899, 2 u. 40; 1903, 3. — Archiv f. Hygiene, 1899, 36; 1902, 41 u. 42. — Arbeiten aus d. Kaiserl. Gesundheitsamt, 1902, 19.

Nahrungsmittel	Wasser	Trocken-substanz	Ei-weifs	Fett [1])	Kohle-hydrate [2])	Asche
Harte Cervelatwurst . . .	24,1	75,9	22,76	48,2	—	5,72
Harter Briekäse	52,2	47,8	19,95	23,6	—	5,0
Roggenbrot (Steinmetzbrot)	41,7	58,3	10,85	0,4	45,35	1,7
Ausgelassenes Schweinefett	—	100,0	—	100,0	—	—
Würfelzucker	—	100,0	—	—	100,0	—
Reiner Kakao mit 34,2 %/o Fettgehalt	4,3	95,7	23,87	34,2	11,2	5,9
Reiner Kakao mit 15,2 %/o Fettgehalt	6,1	93,9	28,35	15,2	13,4	7,5
›Bahiakakao‹ mit 16,8 %/o Fett + 3,7 %/o Schalen .	4,4	95,6	27,20	16,8	12,1	5,3

stimmung des Stickstoffes im Kot diente der gemischte Gesamtkot der ganzen Periode. Die pro Gramm Trockenkot gefundene Menge N wurde dann mit jeder Tageskotmenge multipliziert, wodurch die Tages-N-Ausfuhr im Kot festgelegt wurde. Die pro die im Kot ausgeschiedene Fettmenge wurde auf dieselbe Weise ermittelt. Eine Abgrenzung des Kotes habe ich auch wie früher nicht für notwendig erachtet, da mein Organismus bei täglicher einmaliger Defakation die Fäces fast quantitativ genau absetzt.

Meine Lebensführung bestand während des Versuchs in der gleichmäfsigen Laboratoriumsarbeit.

Das Körpergewicht bestimmte ich zu Anfang jeder Periode.

Alkohol, Tee, Kaffee wurde vollständig vermieden.

Die Funktionen des Organismus waren normal, der Verdauungstraktus war in bester Ordnung. Wassermengen nahm ich ganz nach Bedarf ca. 1200 ccm pro die. Ich vermag bei den Versuchen an mir aus den bis zum Abend abgegebenen Urinmengen immer ziemlich genau zu bemessen, wieviel ich an diesem Tage noch Wasser nehmen mufs, um am nächsten Morgen eine Quantität Urin zu besitzen, die mit der der übrigen Tage gut

---

1) Fett = Ätherextrakt. 8 Stunden im Soxhlet extrahiert.
2) Kohlehydrate als Stärke bestimmt.

übereinstimmt. Dieses Verfahren schließt die großen
Tagesschwankungen in der Stickstoffabgabe, welche
bei jedem Stoffwechselversuch so störend wirken,
aus, und es tritt nicht der Fall ein, daß bei zu geringen Flüssigkeitsgaben eine Retention des Stickstoffs im Körper und bei zu großen Flüssigkeits-
mengen eine Ausschwemmung des Stickstoffs zu befürchten wäre.

I. Periode (Vorperiode): 6 Tage. Ich setzte den Körper
ins Stickstoffgleichgewicht mit 100 Cervelatwurst, 150 Briekäse, 400 Roggenbrot, 30 Fett und 100 Zucker = 2671 Kal.

II. Periode (I. Hauptperiode): Es sollte in der I. Hauptperiode festgestellt werden, ob und inwieweit das
Eiweiß und das Fett des Kakaos das Eiweiß und
das Fett der gewöhnlichen Nahrung (Vorperiode)
vertreten kann.

War dies der Fall, so mußte Stickstoffgleichgewicht eintreten.

Der Kakao, den ich benutzte, enthielt 4,3 Wasser, 23,87 Eiweiß, 34,2 Fett, 11,2 Kohlehydrate (Stärke) und 5,9 Asche. Um
genügend große und beweisende Ausschläge zu erhalten, wurden
pro Tag 100 g genossen, eine Menge, welche zwar in der Praxis
kaum pro Person verbraucht wird, die aber für die Beantwortung
dieser ersten Frage notwendig war.

An Stelle der eingeführten 100 g Kakao mußte ein äqui-
valenter Teil des Eiweiß-, Fett- und Kohlehydratgehaltes der
Nahrung in der Vorperiode weggelassen werden, was durch ver-
ringerte Zufuhr von Käse, Fett und Zucker geschah. Die Nahrung
betrug demnach: 100 Wurst, 30 Käse, 400 Brot, 24 Fett, 90 Zucker,
100 Kakao = 2675 Kal.

III. Periode: In dieser Periode war zu beweisen,
ob ein Kakao von geringerem Fettgehalt sich im
Stoffwechsel genau so verhält wie der fettreichere.
In bejahendem Falle durfte das Stickstoffgleichgewicht keine
Veränderung erleiden. Die Qualität des genossenen Kakao war

dieselbe wie vorher; sein Gehalt an Fett betrug aber nur 15,2%. Auch hier wurden für die 100 Kakao äquivalente Mengen Eiweifs, Fett und Kohlehydrate aus der anderen Nahrung weggelassen, so dafs die Nahrung nunmehr bestand aus: 100 Wurst, 7,5 Käse, 400 Brot, 29 Fett, 87 Zucker, 100 Kakao = 2498 Kal.

IV. Periode: War in Periode II und III der Kakao wirklich imstande, für das Eiweifs und Fett der gewöhnlichen Nahrung einzutreten, so mufste jetzt, wenn der Kakao weggelassen, die andere Nahrung aber nicht wieder erhöht wurde, eine starke Minusbilanz eintreten. Um dies zu entscheiden, betrug die Nahrung nur 100 Wurst, 7,5 Käse, 400 Brot, 29 Fett = 2237 Kal.

V. Periode: Um dem Einwande zu begegnen, dafs die Versuche praktische Verhältnisse nicht berücksichtigten, weil zu grofse, nicht übliche Tagesgaben an Kakao verabfolgt seien, habe ich die Versuche der I. und II. Periode wiederholt, aber mit kleineren Mengen Kakao. Die Gaben beliefen sich statt auf 100 nur auf 35 g, eine Quantität, die noch mit Genufs verzehrt werden kann. 5 Tassen à 150—200 g mit je 6—7 g Kakao. Die Ergebnisse mufsten alsdann gleichzeitig als Parallelversuche zu den ersten beiden Perioden die ersteren Resultate bestätigen.

Für die 35,0 Kakao, welcher 34,2% Fett enthielt, fielen äquivalente Mengen von Eiweifs, Fett und Kohlehydraten an der anderen Nahrung weg. Sie bestand jetzt aus 100 Wurst, 108 Käse, 400 Brot, 28 Fett, 96 Zucker und 35 Kakao = 2671 Kal.

VI. Periode: Analoger Versuch wie in der V. Periode, aber mit 15,2 % Fett enthaltendem Kakao ausgeführt.

Gegeben wurden: 100 Wurst, 100 Käse, 450 Brot, 28 Fett, 94 Zucker und 35 Kakao = 2594 Kal.

VII. Periode: Es hatte ein Interesse zu wissen, ob ein stark entfetteter Kakao, der von Schalen nur so weit gereinigt war, als das Nahrungsmittelgesetz es unbedingt vorschreibt, sich in seinen ausnutzbaren Stoffen gleich wie die untersuchten Kakaos verhielte. Das Untersuchungsmaterial enthielt 4,4 Wasser, 27,2 Eiweifs, 16,8 Fett, 12,1 Kohlehydrate und 5,3 Asche.

Zum Vergleich wurden ebenfalls 35 g gegeben. Die Nahrung bestand aus: 100 Wurst, 102 Käse, 400 Brot, 27 Schweinefett, 95 Zucker und 35 Kakao = 2603 Kal.

VIII. Periode: Die letzte Hauptperiode sollte Aufklärung bringen über die von Forster gemachte Beobachtung, dafs der Kakao in Verbindung mit Milch besser im Organismus ausgenutzt würde. Um exakte Vergleichsverhältnisse zu bekommen, wählte ich dieselbe Nahrung wie in der II. Periode mit ebenderselben Menge Kakao von 100 g, nur mit dem Unterschied, dafs ich das Eiweifs aus der Wurst ersetzte durch das Eiweifs des Käses, welches ungezwungen für Milcheiweifs für unsern Versuch angesehen werden konnte. Da das Broteiweifs und Kakaoeiweifs in beiden Versuchen dasselbe blieb, so konnte eine Änderung in der Eiweifsausfuhr im Kot oder Urin nur auf das Käse- resp. Milcheiweifs zurückzuführen sein. Wenn nun wirklich die Kakaoausnutzung günstig beeinflufst worden sein sollte, so mufste im Kot der VIII. Periode weniger Eiweifs ausgeschieden werden als im Kot der II. Periode.

Die Nahrung betrug: 145 Käse, 400 Brot, 45 Fett, 100 Zucker, 100 Kakao zu 34,2 % Fett = 2675 Kal.

IX. Periode: Genau wie die Vorperiode.

Die Zusammensetzung der Nahrung in den einzelnen Perioden lasse ich nachstehend folgen:

I. Periode. Vorperiode.

Nahrungsmittel	Menge	Wasser	Eiweifs	Fett	Kohle-hydrate	Asche
Cervelatwurst . . .	100,0	24,1	22,76	48,2	—	5,72
Briekäse	150,0	81,3	29,93	35,4	—	7,5
Schwarzbrot . . .	400,0	166,8	43,40	1,6	181,4	6,8
Schweinefett . . .	30,0	—	—	30,0	—	—
Zucker	100,0	—	—	—	100,0	—
Summa	780,0	272,2	96,09	115,2	281,4	20,02

II. Periode.

Nahrungsmittel	Menge	Wasser	Eiweifs	Fett	Kohle-hydrate	Asche
Cervelatwurst . . .	100,0	24,1	22,76	48,2	—	5,72
Briekäse	30,0	16,2 ·	5,98	7,1	—	1,5
Schwarzbrot . . .	400,0	166,8	43,40	1,6	181,4	6,8
Schweinefett . . .	24,0	—	—	24,0	—	—
Zucker	90,0	—	—	—	90,0	—
Kakao	100,0	4,3	23,87	34,2	11,2	5,9
Summa	744,0	211,4	96,01	115,1	282,6	19,92

III. Periode.

Nahrungsmittel	Menge	Wasser	Eiweifs	Fett	Kohle-hydrate	Asche
Cervelatwurst . . .	100,0	24,1	22,76	48,2	—	5,72
Briekäse	7,5	4,0	1,46	1,7	—	0,35
Schwarzbrot . . .	400,0	166,8	43,40	1,6	181,4	6,8
Schweinefett . . .	29,4	—	—	29,4	—	—
Zucker	87,0	---	—	—	87,0	—
Kakao	100,0	6,1	28,35	15,2	13,4	7,5
Summa	723,9	201,0	96,0	96,1	281,8	20,37

IV. Periode.

Nahrungsmittel	Menge	Wasser	Eiweifs	Fett	Kohle-hydrate	Asche
Cervelatwurst . . .	100,0	24,1	22,76	48,2	—	5,72
Briekäse	7,5	4,0	1,49	1,7	—	0,35
Schwarzbrot . . .	400,0	166,8	43,4	1,6	181,4	6,8
Schweinefett . . .	29,4	—	—	29,4	—	—
Zucker	100,0	—	—	—	100,0	—
Summa	636,9	194,9	67,65	80,9	281,4	12,87

V. Periode.

Nahrungsmittel	Menge	Wasser	Eiweifs	Fett	Kohle-hydrate	Asche
Cervelatwurst . . .	100,0	24,1	22,76	48,2	—	5,72
Briekäse	108,0	58,5	21,54	25,4	—	5,04
Schwarzbrot . . .	400,0	166,8	43,40	1,6	181,4	6,8
Schweinefett . . .	28,0	—	—	28,0	—	—
Zucker	96,0	—	—	—	96,0	—
Kakao	35,0	1,5	8,35	11,97	4,0	2,06
Summa	767,0	250,9	96,05	115,2	281,4	19,62

VI. Periode.

Nahrungsmittel	Menge	Wasser	Eiweiſs	Fett	Kohle-hydrate	Asche
Cervelatwurst . . .	100,0	24,1	22,76	48,2	—	5,72
Briekäse	100,0	54,2	19,97	23,6	—	5,0
Schwarzbrot . . .	400,0	166,1	43,4	1,6	181,4	6,8
Schweinefett . . .	28,0	—	—	28,0	—	—
Zucker	94,0	—	—	—	94,0	—
Kakao	35,0	2,1	9,92	5,32	6,0	2,6
Summa	757,0	246,5	96,05	106,72	281,4	20,12

VII. Periode.

Nahrungsmittel	Menge	Wasser	Eiweiſs	Fett	Kohle-hydrate	Asche
Cervelatwurst . . .	100,0	24,1	22,76	48,2	—	5,72
Briekäse	102,0	55,2	20,34	24,0	—	5,10
Schwarzbrot . . .	400,0	166,8	43,4	1,6	181,4	6,8
Schweinefett . . .	27,0	—	—	27,0	—	—
Zucker	95,0	—	—	—	95,0	—
Kakao	35,0	1,5	9,52	5,8	5,0	1,85
Summa	759,0	247,6	96,02	106,6	281,4	19,47

VIII. Periode.

Nahrungsmittel	Menge	Wasser	Eiweiſs	Fett	Kohle-hydrate	Asche
Briekäse	145,0	78,5	28,82	34,2	—	7,2
Schwarzbrot . . .	400,0	166,8	43,40	1,6	181,4	6,8
Schweinefett . . .	45,0	—	—	45,0	—	—
Zucker	90,0	—	—	—	90,0	—
Kakao	100,0	4,3	23,87	34,2	11,2	5,9
Summa	780,0	249,6	96,09	115,0	282,6	19,9

(Siehe die Tabelle auf S. 30—33 und Tafel I.)

Tabellarische Übersicht.

Die Tabelle gibt die Einnahmen, Ausgaben und die
Bilanz wieder.

Am Schluß jeder Periode sind die Mittelwerte aus Einnahmen und Ausgaben zusammengestellt. Die Bilanz resultiert
aus der Differenz der gesamten Tageseinnahmen und -Ausgaben.
Ihr folgt die Berechnung der Ausnutzung des Stickstoffs
und des Fettes und die Angaben des täglichen Stickstoff- und
Fettverlustes in Prozenten der Stickstoff- und Fettzufuhr.

Die Zahlen und Angaben über Stickstoff- und
Fettausscheidung sind die durch Stickstoffanalysen
und Fettextraktionen gewonnenen direkten Werte.
Dabei ist der Anteil des Theobrominstickstoffs und des
physiologischen Darmsaftstickstoffs zunächst unberücksichtigt gelassen. Diese Punkte sollen für sich besprochen werden.

Resultate.

Der mehr als 6 Wochen dauernde Versuch wurde ohne
Unterbrechung bei vollstem Wohlbefinden und normalen Funktionen durchgeführt.

I. Periode.

Das Stickstoffgleichgewicht ist in der 6tägigen Vorperiode mit 96 Eiweiß, 115 Fett und 281 Kohlehydraten in
vollkommener Weise erreicht worden. Es hat nur eine
geringe Plusbilanz von + 0,32 stattgefunden. Die tägliche Kot-
absetzung ist regelmäßig, der Harnstickstoff zeigt nur die
normalen Schwankungen.

Die Ausnutzung der eingeführten Nahrung aus Brot, Käse,
Wurst und Zucker beträgt **82,5 %**, eine Zahl, welche mit der
bei allen meinen früheren Stoffwechselversuchen gewonnenen
gut übereinstimmt. Das Fleisch und Milchfett wird zu
95 % verwertet. Die Extraktionen zur Bestimmung des Fettes
im Kot und in den Nahrungsmitteln dauerten stets 8 Stunden.

(Fortsetzung des Textes auf S. 32.)

Perioden	Versuchs-tage		Körper-gewicht	Nahrungs-menge	Wasser	Flüssigkeit in der Nahrung	Wasserfreie Nahrung	Eiweiss	Fett	Kohle-hydrate	Asche	Gesamt-stickstoff	Kalorien
Einnahmen													
I. Periode	1	1	73,2	780,0		272,2	497,8	96,09	115,2	281,4	20,0	15,37	
	2	2		780,0		272,2	497,8	96,09	115,2	281,4	20,0	15,37	
Vorperiode	3	3		780,0		272,2	497,8	96,09	115,2	281,4	20,0	15,37	
Volle	4	4		780,0		272,2	497,8	96,09	115,2	281,4	20,0	15,37	
Nahrung	5	5		780,0		272,2	497,8	96,09	115,2	281,4	20,0	15,37	
	6	6		780,0		272,2	497,8	96,09	115,2	281,4	20,0	15,37	
Mittel			73,2	780,0	ca. 1200	272,2	497,8	96,09	115,2	281,4	20,0	15,37	2671,0
II. Periode	1	7		744,0		211,4	532,6	96,01	115,1	282,6	19,9	15,36	
100,0	2	8		744,0		211,4	532,6	96,01	115,1	282,6	19,9	15,36	
Kakao	3	9		744,0		211,4	532,6	96,01	115,1	282,6	19,9	15,36	
mit 34,2%	4	10		744,0		211,4	532,6	96,01	115,1	282,6	19,9	15,36	
Fettgehalt	5	11		744,0		211,4	532,6	96,01	115,1	282,6	19,9	15,36	
Mittel			73,0	744,0	ca. 1200	211,4	532,6	96,01	115,1	282,6	19,9	15,36	2675,0
III. Periode	1	12		723,9		201,0	520,4	96,0	96,1	281,8	20,4	15,36	
100,0	2	13		723,9		201,0	520,4	96,0	96,1	281,8	20,4	15,36	
Kakao	3	14		723,9		201,0	520,4	96,0	96,1	281,8	20,4	15,36	
mit 15,2%	4	15		723,9		201,0	520,4	96,0	96,1	281,8	20,4	15,36	
Fettgehalt	5	16		723,9		201,0	520,4	96,0	96,1	281,8	20,4	15,36	
Mittel			72,7	723,9	ca. 1200	201,0	520,4	96,0	96,1	281,8	20,4	15,36	2497,7
IV. Periode	1	17		636,9		195,0	441,9	67,65	80,9	281,4	12,87	10,83	
	2	18		636,9		195,0	441,9	67,65	80,9	281,4	12,87	10,83	
Ohne Kakao	3	19		636,9		195,0	441,9	67,65	80,9	281,4	12,87	10,83	
	4	20		636,9		195,0	441,9	67,65	80,9	281,4	12,87	10,83	
Mittel			72,5	636,9	ca. 1200	195,0	441,9	67,65	80,9	281,4	12,87	10,83	2237,0
V. Periode	1	21		767,0		251,0	516,0	96,05	115,2	281,4	19,62	15,37	
35,0	2	22		767,0		251,0	516,0	96,05	115,2	281,4	19,62	15,37	
Kakao	3	23		767,0		251,0	516,0	96,05	115,2	281,4	19,62	15,37	
mit 34,2%	4	24		767,0		251,0	516,0	96,05	115,2	281,4	19,62	15,37	
Fettgehalt	5	25		767,0		251,0	516,0	96,05	115,2	281,4	19,62	15,37	
Mittel			72,6	767,0	ca. 1200	251,0	516,0	96,05	115,2	281,4	19,62	15,37	2671,0

Versuch.

Kot, feucht	Kot, lufttrocken	Harnmenge	Stickstoff im Kot	Stickstoff im Harn	Gesamt-stickstoff	Fett im Gesamtkot	Fett in 1 g Kot	Bilanz	N-Verlust in % der N-Zufuhr	N-Ausnutzung der Gesamtnahrung	Fettverlust in % der Fettzufuhr	Fettausnutzung d. Gesamtnahrung	Bemerkungen
240,0	45,0	1200	2,83	12,36	15,69	6,03							
200,0	43,0	1160	2,70	11,83	14,53	5,76							
230,0	44,5	1080	2,80	13,26	16,06	5,96							
190,0	42,0	980	2,64	13,12	15,76	5,62		+0,32					
205,0	42,0	1160	2,64	11,70	14,34	5,62							
210,0	41,5	1210	2,61	11,85	14,46	5,56							
210,0	43,0	1130	2,70	12,35	15,05	5,75	0,134		17,5	82,5	4,99	95,01	
480,0	105,0	1380	6,93	9,66	16,59	13,12							
502,0	101,0	1240	6,66	8,39	15,05	12,62							
475,0	103,5	1400	6,83	10,02	16,85	12,93		−0,90					
430,0	101,5	1180	6,69	10,54	17,23	12,62							
505,0	102,5	1210	6,76	8,75	15,51	12,81							
478,0	103,0	1280	6,77	9,49	16,26	12,82	0,125		44,0	56,0	11,0	89,0	
530,0	131,0	1270	7,33	7,81	15,14	13,1							
555,0	136,0	1100	7,61	9,24	16,85	13,6							
480,0	129,0	1360	7,22	8,73	15,95	12,9		−0,46					
460,0	131,0	1290	7,33	7,90	15,23	13,1							
515,0	133,0	1210	7,44	8,52	15,96	13,3							
508,0	132,0	1250	7,38	8,44	15,82	13,2	0,100		48,0	52,0	13,7	86,3	
210,0	40,5	1310	2,04	10,93	12,47	3,76							
190,0	35,0	1080	2,38	9,71	12,09	3,25							
170,0	36,5	1090	2,15	11,84	12,99	3,39		−2,27					
200,0	37,0	1170	2,18	11,22	13,30	3,56							
195,0	37,0	1160	2,18	10,92	13,10	3,56	0,093		20,1	79,9	4,3	95,7	
275,0	61,5	1340	3,93	11,84	15,77	7,38							
240,0	59,0	1260	3,77	13,03	16,80	7,08							
290,0	57,0	980	3,64	10,00	13,64	6,84		+0,26					
255,0	58,0	1010	3,71	11,81	15,52	6,96							
298,0	62,5	1120	4,00	9,52	13,52	7,50							
270,0	60,0	1140	3,81	11,20	15,01	7,20	0,120		24,8	75,2	6,1	93,9	

Perioden	Versuchstage		Körpergewicht	Nahrungsmenge	Wasser	Flüssigkeit in der Nahrung	Wasserfreie Nahrung	Eiweiss	Fett	Kohlehydrate	Asche	Gesamtstickstoff	Kalorien
						Einnahmen							
VI. Periode	1	26		757,0		246,5	509,8	96,05	106,7	281,4	20,1	15,37	
35,0	2	27		757,0		246,5	509,8	96,05	106,7	281,4	20,1	15,37	
Kakao	3	28		757,0		246,5	509,8	96,05	106,7	281,4	20,1	15,37	
mit 15,2 %	4	29		757,0		246,5	509,8	96,05	106,7	281,4	20,1	15,37	
Fettgehalt	5	30		757,0		246,5	509,8	96,05	106,7	281,4	20,1	15,37	
Mittel		72,5	757,0	ca. 1200	246,5	509,8	96,05	106,7	281,4	20,1	15,37	2594,0	
VII. Periode	1	31		759,0		247,6	509,4	96,09	106,6	281,4	19,47	15,37	
35,0 Kakao	2	32		759,0		247,6	509,4	96,09	106,6	281,4	19,47	15,37	
mit 16,8 %	3	33		759,0		247,6	509,4	96,09	106,6	281,4	19,47	15,37	
Fettgehalt +	4	34		759,0		247,6	509,4	96,09	106,6	281,4	19,47	15,37	
3,7 % Schalen	5	35		759,0		247,6	509,4	96,09	106,6	281,4	19,47	15,37	
Mittel		72,5	759,0	ca. 1200	247,6	509,4	96,09	106,6	281,4	19,47	15,37	2603,0	
VIII. Periode	1	36		780,0		249,6	530,4	96,09	115,0	282,6	19,9	15,37	
100,0 Kakao	2	37		780,0		249,6	530,4	96,09	115,0	282,6	19,9	15,37	
mit 34,2 %	3	38		780,0		249,6	530,4	96,09	115,0	282,6	19,9	15,37	
Fettgehalt.	4	39		780,0		249,6	530,4	96,09	115,0	282,6	19,9	15,37	
Keine Wurst, nur Käse	5	40		780,0		249,6	530,4	96,09	115,0	282,6	19,9	15,37	
Mittel		72,4	780,0	ca. 1200	249,6	530,4	96,09	115,0	282,6	19,9	15,37	2675,0	
IX. Periode	1	41		780,0		272,2	497,8	96,09	115,2	281,4	20,0	15,37	
Nachperiode	2	42		780,0		272,2	497,8	96,09	115,2	281,4	20,0	15,37	
	3	43		780,0		272,2	497,8	96,09	115,2	281,4	20,0	15,37	
Mittel		72,4	780,0	ca. 1200	272,2	497,8	96,09	115,2	281,4	20,0	15,37	2675,0	

Da es keine einheitlichen Normen für die Zeitdauer der Fettextraktionen gibt, so habe ich mich, analog meiner früheren Versuche, mit 8 Stunden begnügt. Es leuchtet ein, dafs die Werte
des Ätherextraktes auch bei schwer extrahierbaren Materialien
durch längeres Extrahieren etwas gröfser werden können — so
sind z. B. die von anderen Untersuchern bei manchen Kakaosorten erhaltenen Ätherextraktzahlen etwas höher als die von mir
erzielten Werte —, allein bei diesem Stoffwechselversuch kommt
es mehr auf einheitliche Extraktionszeitdauer an, um zwischen

Kot, feucht	Kot, lufttrocken	Harnmenge	Stickstoff im Kot	Stickstoff im Harn	Gesamt-stickstoff	Fett im Gesamtkot	Fett in 1 g Kot	Bilanz	N-Verlust in % der N-Zufuhr	N-Ausnutzung der Gesamtnahrung	Fettverlust in % der Fettzufuhr	Fettausnutzung d. Gesamtnahrung	Bemer-kungen
					Ausgaben								
290,0	66,0	1230	4,22	11,75	15,97	8,18							
310,0	64,0	1310	4,09	10,22	14,31	7,93							
255,0	68,0	1200	4,35	11,50	15,85	8,43		+0,62					
270,0	63,5	1180	4,06	10,83	14,89	7,87							
285,0	64,0	1120	4,09	8,64	12,73	7,93							
280,0	65,2	1200	4,10	10,65	14,75	8,08	0,124		26,6	73,4	7,55	92,45	
305,0	72,0	1080	4,53	11,36	15,89	7,12							
340,0	70,5	1160	4,44	9,24	13,68	6,97							
330,0	71,0	1230	4,47	10,01	14,48	7,02		+0,63					
290,0	69,5	1000	4,37	11,31	15,68	6,88							
285,0	72,5	1230	4,53	9,48	14,01	7,12							
310,0	71,0	1140	4,46	10,28	14,74	7,02	0,099		29,0	71,0	7,3	92,7	
350,0	86,0	1230	5,67	10,45	16,62	9,46							
360,0	88,0	1160	5,80	9,60	15,40	9,68							
280,0	85,0	1310	5,65	12,04	17,69	9,35		−0,61					
410,0	82,0	1080	5,4	10,21	15,61	9,06							
385,0	89,0	1120	5,87	9,25	15,12	9,79							
360,0	86,0	1180	5,67	10,31	15,98	9,46	0,11		36,8	63,2	8,2	91,8	
250,0	45,5	1210	2,86	13,60	16,46	5,91							
190,0	43,5	980	2,74	10,54	13,28	5,65		+0,45					
210,0	43	1340	2,70	12,31	15,01	5,53							
215,0	44	1180	2,77	12,15	14,92	5,72	0,13		18,0	82,0	4,9	95,1	

den Werten der Fett-Ein- und Ausfuhr gute Vergleichszahlen zu bekommen.

Aufserdem ist sehr wohl anzunehmen, dafs die kleinen Mengen von ätherlöslicher Substanz resp. Fett, welche binnen 8 Stunden nicht ausgezogen sind (z. B. aus dem Kakao) im Magendarmtraktus während der Verdauungsperiode von ungefähr derselben Dauer auch nicht extrahiert werden können. Da die Verdauungszeit im allgemeinen nicht länger angenommen werden kann, so sind die Mengen von Fett, die nicht in der angegebenen

Zeit herausgezogen waren, doch für den Organismus verloren. Und das dürfte überall dort der Fall sein, wo Fett in Zellen vegetabilischer Natur, wie beim Kakao, oder in Zellen animalischer Natur, wie z. B. beim Speck, eingeschlossen ist.

Ich halte auch dies mit für den Grund, dafs das Kakaofett, sobald es im Kakao genossen wird, etwas weniger gut ausgenutzt wird als z. B. ausgelassenes Schweinefett, ganz ebenso wie das Schweinefett im Speck weniger gut ausgenutzt wird als im aus-gelassenen Zustande.

II. Periode.

Sobald in der zweiten Periode die Nahrung eine Änderung dadurch erfährt, dafs an Stelle von 120 g Käse und 6 g Fett eine äquivalente Menge von 100 g Kakao gegeben wird, zeigen die Ausgaben ganz andere Zahlen.

Die Gesamtstickstoffbilanz hat sich geändert. Für ein Plus von 0,32 findet sich ein Minus von 0,9, d. h. der täg-liche Verlust an Körpereiweifs beträgt $1,22 \cdot 6,25 = 6,7$ g. Die 100 g Kakao waren also nicht imstande, das Stickstoffgleich-gewicht zu erhalten.

Hierüber wird man nicht sonderlich erstaunt sein, da niemand dem Kakao die Eigenschaften eines vollwertigen Nahrungsmittels wird zubilligen können. Aber die Sache liegt noch anders. Wir können aus der Bilanz allein gar keine Beweise für den Wert als Nahrungsmittel entnehmen. Dieselbe gibt uns das Verhältnis des eingeführten zum ausgeschiedenen Stickstoff an, aber nicht wie der Stickstoff und ob er verwertet wird. Daher mufs man die Ausscheidung des Stickstoffs im Harn und im Kot einer genaueren Betrachtung unterziehen.

Wir sehen — obwohl in der II. Periode dem Gewicht nach ca. 30 g weniger Nahrung zugeführt wurde, eine bedeutend gröfsere Kotausscheidung gegenüber der Vorperiode. Die Kotmenge beträgt im feuchten Zustande 478 g, im lufttrockenen 103 g gegenüber 210 g und 43 g. Es hat also die Gabe von 100,0 Kakao den Trockenkot um das $2\frac{1}{2}$fache vermehrt. Der Unterschied ist darin zu suchen, dafs einmal die Trockensubstanz in der Nahrung der II. Periode[1]) infolge des wasserarmen Kakaos um 20 g vermehrt wurde, andrerseits aber besonders darin, dafs der Kakao selbst eine vermehrte Kotbildung veranlafst. Andernfalls hätte man höchstens, selbst wenn von 100 g Kakao nichts resorbiert worden wäre, ca. 70 g Kot erwarten können. Welche Substanzen aufser dem Kakao so lebhaft sich an der Kotbildung mit beteiligten, ist nicht ohne weiteres zu sagen und soll weiteren Studien vorbehalten sein; sicher ist jedenfalls, dafs die Ausnutzung der Gesamtnahrung durch die Einfuhr einer gewissen Kakaomenge an Stelle einer äquivalenten Menge andrer Stoffe wesentlich schlechter geworden ist.

In ganz analoger Weise steigt auch die Stickstoffausscheidung.

Die Stickstoffmenge im Kot beträgt in der Vorperiode 2,7 g pro Tag, in der II. Periode aber 6,77 g; d. i. $1\frac{1}{2}$ mal so viel.

Demnach würde der N-Verlust der N-Einfuhr 44% und die Ausnutzung der ganzen Nahrung nur 56% betragen.

Uns interessiert aber in erster Linie, wie der Kakao selbst ausgenutzt wird.

Wie leicht es nun ist, bei der gemischten Nahrung der Vorperiode den nicht realisierbaren Anteil eines jeden Nahrungsmittels zu berechnen, so schwierig wird es, sich bei Zugabe von einer gröfseren Menge Kakao zur gemischten Nahrung über den Anteil des Kakaos an dem ausgeschiedenen Kotstickstoff ein klares Bild zu machen.

Die folgende Überlegung und Berechnung mag dies lehren:

Eingenommen wurde in der Vorperiode:

in 100 g Wurst . 22,76 Eiweifs
in 150 g Käse . 29,93 »
in 400 g Brot . 43,40 »
_____
96,09 Eiweifs

1) Trockensubstanz in der Vorperiode 508 g, in der II. Periode 520 g.

3*

Da die Voruntersuchung auf Ausnutzbarkeit der angewandten Nahrungsmittel bei mir an unausgenutztem Eiweiß

für Cervelatwurst . . .	2,9 %
» Briekäse	4,3 %
» Steinmetzbrot . . .	28,2 %

ergab — (ohne Abzug der von Rieder[1][2]) ermittelten Zahl von 0,73 g N = 4,56 Eiweiß, welcher pro Tag im Darmsaft zur Ausscheidung gelangt —, so entfallen:

auf 22,76 Wursteiweiß .	0,66 g	nichtresorbiertes Eiweiß
» 29,93 Käseeiweiß .	1,29 g	»	»
» 43,40 Broteiweiß .	12,23 g	»	»

in Summa 14,18 g nichtresorbiertes Eiweiß[3]),

welches im Kot ausgeschieden wurde.

In der II. Periode, in welcher 100,0 Kakao gegeben wurden, bestanden nun die 96,01 g des eingenommenen Eiweißes aus:

22,76 Wursteiweiß

5,98 Käseeiweiß

43,40 Broteiweiß und 23,87 Kakaoeiweiß.

Nach den eben genannten Ausnutzungsermittelungen würden dann unresorbiert im Kot ausgeschieden worden sein:

0,66 g	Eiweiß aus	Wurst
0,25 g	»	»	Käse
12,23 g	»	»	Brot

in Summa 13,14 g Eiweiß.

---

1) Rieder, Zeitschrift f. Biologie, 1884, XX.

2) Pfeiffer, Zeitschrift f. physiolog. Chemie, X, 562.

3) Würde man hierzu noch 4,56 g Eiweiß (die Riedersche Zahl) hinzurechnen, so hätten in der Vorperiode 18,74 g im Kot gefunden werden müssen. Die Tatsache, daß durch Analysen aber nur 16,87 g Eiweiß = 2,7 N nachgewiesen werden konnten, erklärt sich daraus, daß die Nahrungsmittel, Wurst, Käse und Brot, gemischt etwas besser ausgenutzt wurden als allein, eine Beobachtung, welche bereits von Rubner (Zeitschr. f. Biologie, Bd. 15, S. 139) und anderen gemacht wurde.

Da in dieser Periode aber 6,77 g N = 42,3 g Eiweiſs im Kot wiedergefunden wurden, so müſsten:

$$\begin{array}{r} 42,3 \\ - 13,14 \\ \hline = 29,17 \text{ Eiweiſs} \end{array}$$

von nichtresorbiertem Kakaoeiweiſs stammen.

Es sind aber im ganzen nur 23,87 Kakaoeiweiſs eingeführt worden; die Rechnung führt also nicht zum Ziele.

Hieraus ist ersichtlich, daſs auf diesem Wege ein richtiger Überblick über die Menge des von 100 g Kakao resorbierten Anteiles nicht erlangt werden kann. Nur eines läſst sich ableiten: Eine gröſsere Menge von Kakao, in unserem Falle 100 g, wird nicht nur selbst sehr schlecht ausgenutzt, sondern trägt auch noch dazu bei, daſs von dem mit beigegebenen Nahrungsgemisch ein erheblicher Teil schlechter verwertet wird, als wenn man den Kakao nicht gibt. Erfährt die Kakaomenge eine Verminderung, so wird auch die Ausnutzung der Gesamtnahrung, wie wir unten sehen werden, eine günstigere. Wollen wir daher wissen, wie der Kakao allein im Organismus verwertet und ausgenutzt wird, so bleibt nichts anderes übrig, als ihn allein, ohne Beigabe anderer stickstoffhaltiger und kotbildender Stoffe, zu prüfen. Derartige Versuche habe ich ebenfalls ausgeführt und ihre Resultate sollen am Schluſs des zweiten Teiles der Arbeit besprochen werden.

Ein gewisser kleiner Prozentsatz des ausgeführten Kotstickstoffs in der zweiten Periode könnte auch darauf zurückzuführen sein, daſs an Stelle von den 120,0 leicht resorbierbarem Milcheiweiſs resp. Käseeiweiſs der I. Periode Fleischeiweiſs und in der Hauptsache vegetabilisches Eiweiſs eintrat.

Es ist von mir[1]) durch Versuche nachgewiesen worden, daſs die Resorption des Fleischeiweiſses sich bis zu 9 % schlechter gestalten kann als die des Milcheiweiſses, ganz abgesehen von dem vegetabilischen Eiweiſs, welches, wie die verschiedensten Versuche von Rubner und auch die oben angestellten Aus-

---

1) R. O. Neumann, Archiv f. Hygiene, Bd. 41, S. 12.

nutzungsversuche beim Brot zeigen, noch bedeutend schlechter
verwertet wird.

Diese Beobachtung machte sich auch von neuem in der
VIII. Periode geltend, wo bei gleicher Nahrung und gleicher
Eiweißeinfuhr wie in der II. Periode das Fleischeiweiß voll-
ständig ausgeschaltet war und nur Milch- und vegetabilisches
Eiweiß gegeben wurde. Es betrug hier der N-Gehalt des Kotes
nur 5,67 g pro die, im Gegensatz zu 6,77 g in der II. Periode.

Aber trotz dieser Einschränkung z u g u n s t e n d e r A u s -
n u t z b a r k e i t d e s K a k a o s bleibt doch die Tatsache bestehen,
daß das Kakaopulver sehr ungünstig auf die Stickstoffausfuhr
im Kot einwirkt. Zur Bestätigung hierfür dient auch in doppelter
und dreifacher Weise die IV. und IX. Periode, in welcher ebenso
wie in der ersten — bei Fortlassung des Kakaos — nur 2—3 g N
im Kot ausgeschieden werden.

Wie verhält sich nun hierzu der im H a r n a u s g e s c h i e d e n e
S t i c k s t o f f ?

Wir beobachteten gegenüber der Vorperiode ein Herabsinken
der Stickstoffmenge von 12,3 g auf 9,49 g.

Man hätte aber eher eine Z u n a h m e erwarten sollen, weil
ja infolge der Ausscheidung von 44% des eingeführten Stick-
stoffes dem Organismus nur noch 56% zur Assimilation zur Verfügung standen. Der Körper gab aber von seinem eigenen Eiweiß, welches den Harnstickstoff vermehrt hätte, nichts ab und
so mußten wir zwingend schließen, daß die 9,49 g Stickstoff
ausreichend waren, um den Organismus auf dem N - Gleichgewicht zu erhalten oder wenigstens fast zu erhalten.

Daß hier kein Zufall spielt, lehrt auch die folgende Periode,
wo diese Erscheinung in noch erhöhtem Maße auftritt, und auch
in dem zweiten Teil der Arbeit, bei Prüfung verschiedener Handelssorten, ist dieselbe Beobachtung zu machen.

Immerhin ist diese Tatsache sehr auffällig, und es könnte
fast den Anschein erwecken, als sei im Kakao ein Eiweiß vorhanden, welches in ganz besonderer Weise — in viel höherem
Grade als das Eiweiß der andern eingeführten Stoffe — dem
Körper zugute käme.

Dafür haben wir aber nach der heutigen Kenntnis der Eiweißkörper keine Anhaltspunkte und keine Beweise. Die naheliegendste Erklärung dafür, daß der Organismus scheinbar mit so wenig Eiweiß auf seinem N-Gleichgewicht erhalten blieb, kann am einfachsten darin gefunden werden, daß all das Eiweiß, welches der direkten Ausfuhr im Kot entging, resorbiert und assimiliert wurde und vom Organismus in seinem ganzen Umfang zur Verwertung kam, während in anderen Fällen im assimilierten Eiweiß Gruppen von Eiweißkörpern mit aufgenommen werden, wie z. B. beim Kartoffeleiweiß, die den Körper, ohne ihm zugute zu kommen, im Harn wieder verlassen. Letztere werden dann wieder mit gefunden und täuschen so über die richtigen Mengen, mit denen der Körper sich auf dem Gleichgewicht erhalten konnte.

Zu dieser Annahme drängt mich die Beobachtung, die ich[1]) bei Untersuchungen über Milch- und Fleischeiweißpräparate mehrfach übereinstimmend machte. Es wurde stets in den Perioden, in welchen Milcheiweiß gegeben wurde, im Harn bis zu 15% mehr Stickstoff gefunden als in den Perioden, in denen ich Fleisch- oder vegetabilisches Eiweiß nahm.

Ganz analog müssen die Verhältnisse auch für den vorliegenden Fall — da die Versuche an demselben Organismus gemacht sind — liegen. Es unterliegt keinem Zweifel, daß ich mich auch in der I. Periode, in der 120 g Milch- resp. Käseeiweiß mehr genossen wurden als in der II. Periode, schon mit etwas weniger Eiweiß, als durch die im Harn nachgewiesenen 12,30 g N dokumentiert wird, auf dem Gleichgewicht erhalten habe.

Setzen wir z. B. die früher an mir gewonnene Zahl von ca. 15% für unausgenutzten Harnstickstoff in der ersten Periode ein, so erhalten wir an Stelle von 12,30 nur ca. 10,5 g verwertetes N. Und diese Menge würde unter Berücksichtigung der Minusbilanz von 0,9 g in der zweiten Periode mit den ausgeschiedenen 9,49 g N annähernd übereinstimmen.

1) R. O. Neumann, Archiv f. Hygiene, Bd. 41.

Um übrigens eine praktische Konsequenz hieraus zu ziehen, würde es gar nicht so besonders rationell sein, die Kakaozufuhr mit einer reinen Milchdiät zu verbinden, weil bei der Milchdiät, wie erwähnt, so erheblich mehr Prozent Stickstoff im Harn unerwartet zu Verlust gehen, als bei Fleischkost. Da anderseits der Kakao selbst eine stark kotbildende Substanz ist und eine gröfsere Stickstoffausfuhr auch im Kot veranlafst, so würde durch diese beiden Faktoren etwas Erspriefsliches für die Ernährung nicht zu erzielen sein.

Bei der Beurteilung der Stickstoffbilanz ist aber eins nicht zu übersehen. Das ist die Rolle, die der Theobrominstickstoff spielt. Nach Bondzynski und Gottlieb[1]) enthält das Theobromin 31,28 % Stickstoff. Im Tierkörper erfährt es eine Umsetzung zu Methylxanthin; und zwar werden binnen 48 Stunden 24,6 % zu Methylxanthin umgewandelt, während 19 % unverändert in den Harn übergehen. Rost[2]) stellte dann weiter fest, dafs Theobromin ganz genau wie das Koffein im Kot überhaupt nicht zur Ausscheidung käme, und fand beim Menschen ca. $\frac{1}{5}$ (20,7 %) im Harn wieder.

Geben wir nun in unserem Falle bei Einnahme von 100 g Kakao 1,5 g Theobromin, so führen wir damit ca. $\frac{1}{3}$ davon = 0,5 als Stickstoff ein, welcher aber, da er in den Kot nicht übergeht, die Ausnutzungsfrage des Kakaostickstoffs nicht beeinflufst. Im Harn dagegen würde sich, da ca. $\frac{1}{5}$ des Theobromins = 0,3 g im Harn wiedergefunden werden, diese Menge als 0,1 g N = $\frac{1}{3}$ des Theobromins bemerkbar machen.

Diese Menge spielt aber bei einer täglichen Gesamteinnahme von ca. 15,0 Stickstoff, und bei den täglichen Schwankungen der N-Ausfuhr im Urin gar keine Rolle; und besonders dann, wenn noch kleinere Mengen, wie z. B. nur 35 g Kakao, wie in den andern Perioden eingeführt werden, wird die Zahl winzig.

Die Stickstoffzufuhr im Theobromin und seine Verwendung im Organismus wird man demnach praktisch als bedeutungslos beiseite lassen können.

---

1) Bondzynski und Gottlieb, a. a. O.
2) Rost, a. a. O.

Ich habe deshalb auch bei allen meinen Versuchen ihn weder bei der Einfuhr noch bei der Ausfuhr mit berücksichtigt. Viel wichtiger ist die toxische Wirkung des Theobromins, die weiter unten besprochen werden soll.

Die Fettausscheidung im Kot war gegenüber der Vorperiode erhöht. Sie betrug 12,82 g gegenüber 5,75 g. Sie würde einer Fettausnutzung von 89 % für die Gesamtnahrung bei Zufuhr von 100 g Kakao entsprechen, d. h. mit andern Worten: es müfste das Kakaofett wesentlich — bis zu 67 % — schlechter verwertet werden als das Fett aus Käse und Wurst, denn es sind ja in der II. Periode im Gesamtkot 7,07 g mehr Fett wiedergefunden worden als in der Vorperiode. Die Sache liegt aber etwas anders. Es ist freilich richtig, dafs die Zufuhr von 100 g Kakao den Verlust an nicht ausgenutztem Fett von 7,07 g veranlafst hat, aber das beweist noch nicht, dafs das Kakaoöl an sich schlecht ausgenutzt wird. Wir haben hier ganz dasselbe Phänomen wie bei Stickstoff. Die Mehrausscheidung von Fett hat nicht seinen Grund in einem schlechter ausnutzbaren Fett, sondern in der durch den Kakao veranlafsten wesentlichen Vermehrung des Trockenkotes. Damit war die Möglichkeit der Ausfuhr einer Menge an sich resorbierbaren Fettes gegeben.

Zwischen der Ausnutzung eines Stoffes und dem Verlust desselben im Kot ist eben ein grofser Unterschied. Es kann ein Stoff gut ausnutzbar sein und doch davon viel zur Ausscheidung kommen, sobald durch zu grofse Kotmengen oder zu starke Peristaltik die Stoffe nicht in die Lage kommen, von den Säften aufgenommen werden zu können.

Der Begriff der Ausnutzung allein gibt uns also nicht immer an, wie grofs die Resorbierbarkeit eines Stoffes sein kann — was gewöhnlich mit dem Wort ›Ausnutzung‹ bedeutet werden soll, — sondern nur, wie sie in dem speziellen Falle gewesen ist. Wenn man deshalb von Ausnutzung eines Nahrungsmittels spricht, so ist auch notwendig, stets hinzuzufügen, unter welchen Bedingungen diese Ausnutzung stattfand, ein Punkt, der meines Erachtens nach recht häufig vernachlässigt wird.

Wollte man in unserem Falle ermitteln, wie diese Tatsache beim Kakaofett liegt, so war der Beweis nur durch Versuche mit Kakaoöl allein, d. h. mit einer Nahrung, der nicht das Kakaoöl im Kakao, sondern als ausgeprefstes Öl zugegeben wurde. Ich habe solche Versuche ebenfalls ausgeführt und sie haben gezeigt, dafs das Kakaoöl so gut oder fast genau so gut ausgenutzt wird wie Milchfett. (Siehe II. Teil, XI. Periode.)

Hiernach mufs das Ergebnis für das Kakaoöl so lauten, dafs es nur für sich allein dem Milch- und Schweinefett analog gut ausgenutzt wird, dagegen eingeschlossen in den Zellen des Kakaopulvers, je nach der Menge des eingenommenen Pulvers, mehr oder weniger gut verwertet wird.

Belege für die Richtigkeit dieser Tatsache haben sich auch in andern Perioden des ersten und zweiten Versuches vielfach ergeben.

Eine Berechnung des resorbierbaren Kakaoöls als Anteil der ausgeschiedenen Gesamtfettmenge stöfst auf dieselben Schwierigkeiten, wie oben beim Stickstoff gezeigt wurde. Es ist eben nur der direkte Versuch ausschlaggebend.

Hervorzuheben ist, dafs die grofsen Mengen von Kakao auf die Verdauung, resp. auf die regelmäfsige Funktion des Magendarmtraktus keinen ungünstigen Einflufs ausgeübt haben, weder im Sinne einer Verstopfung noch im Sinne einer Diarrhöe. Der Stuhl war dauernd ohne eine einzige Ausnahme während der ganzen sechswöchentlichen Versuchsperiode von normaler halbfester Konsistenz.

Sehr empfindlich war dagegen die Wirkung des Theobromins. 100,0 des verwendeten Kakaos enthielten 1,5 g Theobromin, die sich auf die Zeit von morgens 7 Uhr bis abends 7 Uhr verteilten und in ziemlich gleichen Abständen im Kakao in vier Portionen genommen wurden. Die Wirkung, die zunächst in geringer Pulsbeschleunigung sich ausdrückte, bei weiteren Gaben (der 3. und 4. am Tage) in Verlangsamung des Pulses umschlug, steigerte sich von Tag zu Tag, so dafs ich am 10. Tage (Ende der III. Periode) durch die fortdauernde akute Vergiftung sehr mitgenommen war. Es gesellten sich dazu

Schweifsausbrüche, Zittern, kalter Schweifs auf der Stirn, auffallende Blässe und pochende Temporal- und Okzipitalschmerzen.
Die Symptome zeigten sich nach jeder Einnahme von ca. 25—30 g
Kakao von neuem, liefsen aber an Intensität jedesmal nach einer
gewissen Zeit wieder nach. Im ganzen wurde aber die Wirkung
vom 1. zum 10. Tage intensiver. Erbrechen hatte ich nie. Der
Appetit hatte aber kaum gelitten; die zugemessene Ration konnte
ich gleichmäfsig gut verarbeiten. Schädliche Folgen habe ich
nicht gesehen; es wirkte aber die folgende IV. viertägige Periode
ohne Kakao und ohne Theobromin wie eine Erholung. Geringere
Mengen bis zu 35 g pro die — über den ganzen Tag verteilt —
lösten gar keine Symptome aus. Auffällig bleibt, dafs eine
Steigerung der Urinmenge, wie wir sie bei Koffein und
besonders bei Theobromin gewöhnt sind, nur in sehr bescheidenem
Mafse aufgetreten ist. In der Vorperiode wurden pro Tag 1130 ccm,
in der II. Periode 1280 ccm Urin abgegeben. Die Differenz beträgt also nur 150 ccm pro die. Es ist möglich, dafs durch die
oben besprochene willkürliche Regulierung der Urintagesmengen
das diuretische Bild verwischt worden ist. Möglich ist auch,
dafs bei manchen Individuen, in diesem Falle bei mir, das
Theobromin eine geringere Wirkung ausübt als bei Koffein, da
letzteres bei mir in Mengen von 0,1 g bereits intensiv diuretisch
wirkt. Da Rost[1]) es als möglich hinstellt, dafs die Ausscheidung
des Theobromins mit dem Eintritt der Diurese und der Stärke
derselben oder umgekehrt die Diurese mit der Ausscheidung des
Theobromins einhergeht, so ist möglicherweise bei mir das Theobromin in noch geringeren Mengen als zu $1/5$ ausgeschieden
worden.[2])

III. Periode.

Das Charakteristische der III. Periode besteht darin, dafs
die Resultate im allgemeinen ungünstiger geworden sind. Da
die Einnahmen dieselben waren wie in der vorhergehenden
Periode und nur an Stelle des 34,2 proz. 100 g eines 15,2 proz.
Kakaos gegeben wurde, so ist der Ausfall lediglich diesem Faktum

1) Rost, a. a. O.
2) Dreesen, Pflügers Archiv.

zuzuschreiben. Es soll hier noch einmal ausdrücklich darauf aufmerksam gemacht werden, dafs beide Kakaos, der zu 34,2 %, und der zu 15,2 %, ein und derselben Provenienz entstammten. Die Unterschiede können also nur auf die Entziehung des Fettes zurückgeführt werden.

Zunächst fällt ins Auge, dafs der abgegebene Kot in seiner Trockensubstanz sich um 29 g pro die vermehrt hat, d. h. er betrug mehr als die dreifache Menge des Kotes der Vorperiode, trotzdem dafs die wasserfreie Nahrung um 12 g gesunken ist.

Mit dieser bedeutenden Steigerung der Kotmenge geht eine ebenso erhöhte Stickstoffausfuhr einher, die die enorme Menge von 7,38 g pro die erreicht; d. s. 48 % der gesamten eingeführten Tagesstickstoffmenge. Wir machen hier also wiederholt und in verstärktem Mafse dieselbe Beobachtung wie in der vorherigen Periode, dafs das Kakaopulver die Kotmengen bedeutend steigert und dadurch dem Körper, wie oben bereits näher auseinandergesetzt ist, Stickstoff entzieht. Der Verlust an Stickstoff in der Nahrung, welcher durch eine Herabsetzung des Fettgehaltes von 34,2 auf 15,2 % bewirkt wird, ist also bei einer täglichen Gabe von 100,0 Kakao nicht unbedeutend. Er beträgt pro Tag 0,61 N = 3,81 Eiweifs oder 4 % mehr als bei einer Einnahme von 100 g 34,2 proz. Kakao, und gegenüber der Vorperiode bedeutet das gar einen Verlust von 30,5 % des eingeführten Stickstoffs.

Wollte man hier berechnen, wie grofs der Anteil an unresorbiertem Stickstoff ist, den die 100 g Kakao geliefert haben, so stofsen wir auf dieselben Schwierigkeiten wie in der vorhergehenden Periode und gelangen zu keinem brauchbaren Ergebnis.

Z. B. Von den in 96 g Tageseiweifs enthaltenen

22,76 Wursteiweifs	wurden unresorbiert ausgeschieden:	0,66 g
1,46 Käseeiweifs		0,09 g
43,40 Broteiweifs		12,23 g
		12,98 g.

Der im Kot ausgeschiedene Gesamttagesstickstoff, auf Eiweiſs
berechnet, beträgt:

46,12 g; davon subtrahiert den Verlust von
12,98 g, so blieben

33,14 g übrig, welche auf Rechnung des
nicht resorbierten Kakaoeiweiſses kämen.

In dieser Periode sind aber pro die nur 28,35 g Kakaoeiweiſs
eingeführt worden, daher können nicht noch gröſsere Mengen
vom Kakao stammen. Wir kommen also nur zum Ziele durch
direkte Versuche mit Kakao von 15,2 % Fett allein.

Aus der Berechnung ist höchstens zu entnehmen, daſs auch
hier der Kakao die Eiweiſsresorption der übrigen Nahrungsmittel
sehr beeinfluſst und zum mindesten selbst schlecht ausgenutzt
wird. In welchem Maſse letzteres geschieht, ergeben die in dem
zweiten Teil der Arbeit ausgeführten Versuche.

Ähnlich wie in der vorigen Periode tritt uns auch hier ein
merkwürdiges Resultat entgegen: Das ist das Sinken der im
Harn ausgeschiedenen Stickstoffmenge.

Muſste sich schon bei Einnahme von 100 g 34,2 proz. Kakao
der Organismus mit 9,49 g Stickstoff pro die begnügen, so kam
derselbe in dieser Periode mit 8,44 g aus, d. i. nur ein wenig
mehr als die Hälfte des eingeführten Stickstoffs. Die Bilanz zeigt
mit — 0,46 fast das Stickstoffgleichgewicht, und da das Körpergewicht kaum erheblich gesunken ist, so muſs angenommen werden,
daſs der Körper tatsächlich mit so geringen Stickstoffmengen haus-
halten konnte. Eine sichere Erklärung für diese auffallende
Tatsache ist nach unseren heutigen Stoffwechselgesetzen schwer
zu geben. Nur eins wäre vielleicht denkbar — aber das ist
eine reine hypothetische Annahme, die sich vorläufig nicht ohne
weiteres beweisen läſst —: Der im Kot ausgeschiedene Stickstoff
könnte vorher doch im Organismus, da er als Eiweiſs eingeführt
wurde, ebenso wie das sog. zirkulierende Eiweiſs, abgebaut
werden und dem Körper zugute gekommen sein und dann wären
die Abbauprodukte nicht im Harn als Harnstoff, sondern zum
Teil in den Darm abgeführt worden, wo wir sie — wie wir

zurzeit annehmen — als »unresorbiertes« Eiweiß wiederfinden. Warum sollte es nicht solche Eiweißkörper geben? Wir wissen viel zu wenig über die Verwandlung der eingeführten Eiweißkörper im Organismus, als daß man die Annahme als direkt unmöglich zurückweisen müßte.

Dann wäre mit einem Schlage erklärt, warum der Organismus in der II. Periode mit 9,49 g und in der III. Periode gar mit 8,44 g Stickstoff hat auf seinem Stickstoffgleichgewicht bleiben können.

Sollte der Kakao derartige Eiweißkörper enthalten, so würde die Beurteilung seines aufnahmefähigen und verwertbaren Eiweißes natürlich eine ganz andere und die Bedeutung des Kakaos, auch des stark entfetteten, als Nahrungsmittel eine weit günstigere werden müssen.

Ein anderer Punkt spricht auch noch für eine solche eventuelle Annahme: Es ist unter anderen Umständen fast nicht denkbar, daß der Organismus in der II. Periode, wo er plötzlich 4,0 weniger resorbierbaren Stickstoff = 25,0 Eiweiß erhält als in der Vorperiode, sich sofort ins N-Gleichgewicht einstellen sollte. In sonst normalen Fällen nimmt dies mehrere Tage in Anspruch. Auch in der III. Periode, wo der resorbierbare Stickstoff noch weiter sinkt, ist das Gleichgewicht sofort hergestellt.

Und dann: Wenn z. B. in der IV. Periode vom eingeführten Stickstoff nur 2,18 g = ca. $\frac{1}{5}$ zu Verlust gehen und der Körper doch von seinem Eiweiß zusetzen muß, warum tritt derselbe Fall nicht ein, wenn, wie in der IV. Periode, fast die Hälfte des eingeführten Stickstoffs im Kot unbenutzt fortzugehen scheint resp. fortgeht?

Ein Wort bedarf noch die Besprechung der Fettausnutzung bei 15,2% Fett enthaltendem Kakao. Gemäß des geringen Fettgehaltes des verwendeten Kakaos wurden an Stelle von 115,1 g Fett nur 96,1 g eingeführt. Trotzdem fanden sich aber bei der geringeren Einnahme 13,2 g gegenüber 12,82 g im Kot wieder. Die Ausnutzung war also bei dem stärker entölten Kakao 86,3%, bei dem schwächer entölten 89%; d. h. gegenüber der Vorperiode war beim 15,2 proz. Kakao ein Fettverlust von

7 % eingetreten. Der Ausfall hängt, wie schon in voriger Periode besprochen wurde, mit der stark vermehrten Kotmenge aufs engste zusammen.

Nach diesen Ergebnissen unterliegt es keinem Zweifel, dafs der stark entfettete Kakao demjenigen mit höherem Fettgehalt nachsteht und zwar nicht nur wegen der gesteigerten Stickstoffausfuhr, die er veranlafst, sondern auch infolge des vermehrten Fettverlustes. Dabei ist noch nicht in Betracht gezogen, dafs die Theobrominwirkung mehr zur Geltung kommen mufs, weil der Theobromingehalt infolge der vergröfserten Fettabsetzung im Kakaopulver zunimmt.

Vergleicht man die Kalorienzahl, die in der Nahrung beider Perioden dem Körper zugeführt wurde, so beträgt dieselbe in der Periode des stark entfetteten Kakaos 178 weniger. Auch dieser Faktor fällt zu ungunsten der letzteren Periode in die Wagschale.

Allein in diesem Punkte ist es doch geraten, bei der Beurteilung eines Präparates nur nach dem Kalorienwert, vorsichtig zu sein. Die Kalorienzahl gibt ohne Zweifel theoretisch darüber Auskunft, wie viel Brennstoffe dem Organismus in dem einen und in dem andern Falle zugeführt werden, allein wie die Brennstoffe verwertet werden und wieviel Schlacke übrig bleibt, davon sagen sie uns nichts. Ein solches Verfahren kann unter Umständen zu ganz falschen Schlüssen und unsachgemäfser Beurteilung führen.

Führen wir z. B. in der II. Periode 2675 Kal. ein und in der III. Periode mit stark entfettetem Kakao nur 2497, so würde von vornherein anzunehmen sein, dafs die N-Bilanz ohne weiteres eine schlechtere werden müfste. Das trifft aber in unserem Falle gar nicht zu. In der II. Periode beträgt die Bilanz — 0,9, in der III. — 0,46. Sie ist also sogar besser. Und wollte man selbst auf die Bilanz keinen grofsen Wert legen — wie das gelegentlich angebracht ist — so würde man doch wenigstens im Harn eine Mehrausscheidung von Stickstoff erwarten dürfen. Aber auch das ist nicht der Fall.

Die vermehrte Fettausfuhr, die vielleicht als Symptom einer verminderten Kalorieneinfuhr angesehen werden könnte, beruht aber auf ganz anderer Basis. Sie wird herbeigeführt durch eine vermehrte Kotabscheidung, nicht aber durch zu wenig eingeführte Kalorien.

Wir sehen also, dafs hier beim Kakao und in ähnlichen Fällen zur Bewertung eines als Nahrungs-mittel gepriesenen Stoffes das Verhalten des Stick-stoffes im Kot und Harn und auch die Kenntnis des Fettstoffwechsels dazu gehört, nicht nur die Kennt-nis der eingeführten Kalorien.

Dafs natürlich eine erhebliche Verminderung der Kalorien-einfuhr in den meisten Fällen auch eine wesentliche Senkung der Bilanz hervorrufen und von vornherein vorausgesagt werden kann, steht — wie uns die IV. Periode sehr charakteristisch zeigen wird — ganz aufser Frage.

IV. Periode.

Wenn trotz aller mangelhaften Ausnutzung des Stickstoffs und des Fettes der Kakao doch auch als Nahrungsmittel gelten wollte, so mufste in der IV. Periode, in der nur der Kakao aus der Nahrung gestrichen war, dieselbe sonst aber genau die Zusammensetzung behielt wie die III. Periode, eine gröfsere Minusbilanz eintreten.

Die eingeführte Kalorienmenge betrug nur — infolge der fehlenden 100,0 Kakao von 15,2 % Fett — 2237 Kal., also 260 weniger als die vorhergehende Periode, ebenso sank das ein-geführte Eiweifs von 15,36 g auf 10,83 g, die Fettmenge von 96,1 g auf 80,9 g. Es war daher nicht zu verwundern, dafs die Stickstoffbilanz auf — 2,27 herabsank.

Deutlich tritt hier noch einmal in die Erscheinung, wie wenig Stickstoff in der vorherigen Periode im Harn gefunden worden war und der Organismus damit hausgehalten hatte. Obwohl in der neuen Periode nur 10,83 g N eingeführt wurden, wurden doch auch 10,92 im Harn wiedergefunden, und da aufserdem im Kot 2,18 zu Verlust gegangen sind, so mufste der Körper von seinem Eiweifsstickstoff zusetzen.

Einer Aufklärung bedarf nur die gegenüber der Vorperiode ziemlich erhebliche Stickstoffmenge im Kot. In der Vorperiode wurden 15,37 Stickstoff eingeführt, in der IV. Periode nur 10,83, also ca. $\frac{1}{3}$ weniger. Man hätte deshalb wohl auch im Kot weniger Stickstoff erwarten sollen. Die Erklärung ist aber darin zu finden, daß durch Weglassung von 140 g Käse, der nur sehr wenig Kot bildet, die Mengen des mehr Kot bildenden Brotes und der Wurst relativ vermehrt wurden, wodurch der Stickstoff im Kot einen Zuwachs erfuhr.

Im übrigen ist die Menge des Trockenkotes wieder auf das normale Maß gegenüber der vorherigen Periode zurückgegangen, da 100 g Kakao und 20 g Käse aus der Nahrung fortfielen.

Die Fettausnutzung ist ebensogut wie in der Vorperiode und beträgt 95,7 %.

Durch die Ergebnisse dieser Periode wird der Beweis erbracht, daß 100,0 Kakao imstande waren, den erlittenen N-Verlust von 2,27 g bis auf 0,46 g zu heben. Der Kakao ist also imstande, mit seinem Stickstoff einen Teil des Stickstoffs anderer Nahrungsmittel zu ersetzen.

V. und VI. Periode.

Beide Perioden sind Parallelversuche zu den Perioden II und III. Sie sollten ermitteln, wie die Verwertung des Kakaos bei gemischter Nahrung und bei »normalen« Gaben im Organismus ist. Als normale Tagesration möchte ich ca. 35 g ansehen, die man ohne Unbehagen in 5—7 Tassen Kakao nehmen kann. Für gewöhnlich wird die Menge allerdings noch geringer sein. Der Kakao entstammte derselben Provenienz wie in der II. und III. Periode und an Eiweiß, Fett und Kohlehydraten wurde dasselbe gereicht wie dort. In der V. Periode kam der Kakao mit 34,2% Fett, in der VI. Periode derjenige mit 15,2% Fett zur Verwendung. Die Kalorienmenge betrug im ersten Falle 2671, beim stark entfetteten 2594.

Analog der II. und III. Periode zeigt sich der Trockenkot gegenüber der Vorperiode erhöht und zwar sind ausgeschieden 60 g resp. 65,2 g gegenüber 43 g in der Vorperiode. Allerdings

wird die Höhe von 103 resp. 132 g wie in der II. und III. Periode
nicht erreicht, da ja auch nur ca. ¹/₃ der dort gereichten Kakaomenge gegeben wurde.

Mit dieser Erhöhung des Trockenkotes geht ebenfalls wie in
der II. und III. Periode eine **Vermehrung des Kotstickstoffs** einher, welche mit 3,81 g resp. 4,1 g zwar die Höhe von
6,77 g resp. 7,38 g in der II. und III. Periode nicht erreicht, aber
doch gegenüber der Vorperiode (2,7 g) um 1,11 g resp. 1,4 g
gewachsen ist.

Im Harn treffen wir wieder — und das ist sehr interessant
— genau wie in der II. und III. Periode, nur in geringerem Mafs-
stabe, eine **verminderte Ausscheidung an Stickstoff.** Die
Mengen betragen 11,2 g resp. 10,65 g gegenüber 12,35 g in der
Vorperiode. **Auch hier geht mit der Steigerung des
Kotstickstoffs eine Verminderung des Harnstickstoffs einher.**

Nahrung	Vorperiode	Kot	Kot-stickstoff	Harn-stickstoff	N-Aus-nutzung	Fett-Aus-nutzung
					°/₀	°/₀
		43	2,7	12,35	82,5	95
Wurst, Käse, Brot	100,0 Kakao mit 34,2 °/₀ Fett	103	6,77	9,49	56,0	89
» » »	100,0 » » 15,2 » »	132	7,38	8,44	52,0	86,3
» » »	35,0 » » 34,2 » »	60	3,81	11,20	75,2	93,9
» » »	35,0 » » 15,2 » »	65,2	4,10	10,65	73,4	92,45
Käse, Brot	100,0 » » 34,2 » »	86	5,67	10,31	63.2	89,6

Dieser sehr gut zum Ausdruck gekommene Parallelismus
beweist, dafs die Resultate der II. und III. Periode kein Zufall
waren, und dafs der Organismus, sowohl bei Einnahme grofser
als auch kleiner Mengen, sehr exakt funktioniert hat.

Die Bilanz zeigt **Stickstoffgleichgewicht.** Die relativ
kleinen Mengen haben keine wesentliche Störung des Stickstoff-
umsatzes herbeigeführt. Hervozuheben ist, dafs auch hier der
Organismus mit 11,2 g resp. 10,65 g N, also mit weniger als in
der Vorperiode, ausgekommen ist.

Die **Ausnutzung der Gesamtnahrung bei Kakao-
dosen von 35 g** beträgt 75,2°/₀ resp. 73,4%, ist also

geringer wie in der Vorperiode ohne Kakao, aber
besser wie in der II. und III. Periode bei 100 g Kakao,
wo dieselbe nur 89% resp. 86,3% betrug.

Hieraus geht genügend klar hervor, dafs es unrichtig
ist, zu sagen: »Der und der Kakao ist so und so ausnutzbar«, sondern es kommt darauf an, in welcher
Menge, mit welchem Fettgehalt, ob er mit oder ohne
andere Nahrungsmittel und mit was für Nahrungsmitteln
er genossen wird.

Die Ausnutzungszahlen von 56, 52, 75,2, 73,4% und 63,2%,
welche alle mit ein und demselben Kakao erhalten sind, geben
den besten Beweis dafür ab.

Der Fettverlust ist infolge der geringer eingeführten Kakaomenge und der geringeren Kotmenge auch nicht so hoch wie in
der II. und III. Periode, aber doch gröfser als in der Vorperiode.
Die Zahlen betragen 7,2 g resp. 8,08 g gegenüber der II. und
III. Periode mit 12,82 g resp. 13,2 g und der Vorperiode mit
5,75 g. Es entspricht dies einer Fettausnutzung von 93,9%
resp. 92,45%.

Das wichtige Ergebnis dieser beiden Perioden dürfte
darin liegen, dafs in der VI. Periode, in der 35 g Kakao
mit 15,2% Fett gegeben wurden, genau wie in der
III. Periode, in welcher ich 100 g desselben Kakaos
nahm, die Zahlen zuungunsten des stark entfetteten
Kakaos gefunden wurden.

Wir sehen, dafs bei Einnahme grofser Mengen Kakaos die
Unterschiede gegenüber der Vorperiode sehr bedeutend sind; bei
35 g Einnahme werden sie erheblich geringer und bei 1—2 Tassen
Kakao fallen sie praktisch nicht sonderlich in die Wagschale.

Nichtsdestoweniger kann ein Kakao, dem das Fett
bis 15% oder noch mehr entzogen wurde, physiologisch-hygienisch nicht gutgeheifsen werden, da ein
höherer Gehalt an Fett dem Körper mehr zu leisten
imstande ist. Ein technisch höchst möglicher Fettgehalt —
so weit es die Fabrikation eines haltbaren Pulvers zuläfst —
etwa 30%, wäre demnach in allen Kakaosorten zu begrüfsen,

weil bei Einnahme eines hochprozentig fetthaltigen Kakaos der
Kot geringere Stickstoffmengen unbenutzt ausführt als bei Einnahme von fettärmeren Sorten. Zweitens ist das Fett ein hervor-
ragender Kalorienträger und die Theobrominwirkung tritt weniger
hervor. Die Unbekömmlichkeit fettreicher Kakaos scheint in
vielen Fällen recht hypothetischer Natur zu sein[1]), so dafs sie gar
nicht in die Wagschale bei der Wahl des Kakaos fällt.

VII. Periode.

Der noch eben zulässige Schalengehalt von 3,7% bei einem
Fettgehalt von 16,8% beeinflufst das Bild der Ausscheidungen
nicht wesentlich. Durch die Schalen, auch wenn sie äufserst fein
pulverisiert sind, wird die Zellulose vermehrt und die kotbildenden
Substanzen etwas gesteigert. Infolgedessen finden wir bei dem
verwendeten Kakao geringere Sorte aus Bahia an Stelle von
65 g Trockenkot 71 g. Die ausgeschiedene Stickstoffmenge
im Kot beträgt auch ein wenig mehr: 4,46 g gegenüber 4,1 g.
Die Assimilation des resorbierten Eiweifses ist dem vorherigen
Kakaoeiweifs gleich, ebenso hat die Fettverwertung eine Einbufse nicht erlitten.

Wenn auch die Differenzen gegenüber einem andern 16%
Fett enthaltenden Kakao nicht grofs sind und praktisch nicht
viel Bedeutung haben, so ist diesem Kakao der »schalenfreie«
unter allen Umständen vorzuziehen.

VIII. Periode.

Die ganze VIII. Periode ist eigentlich eine Wiederholung der
II. Periode, nur mit dem Unterschied, dafs das ganze Fleisch- resp.
Wursteiweifs durch Milch- resp. Käseeiweifs ersetzt wurde.

Dabei sehen wir manche unerwartete und interessante Veränderung in den Resultaten auftreten. Zunächst ist die Menge
des Trockenkotes mit 86 g gegenüber der II. Periode mit 103 g
gesunken. In analoger Weise sank dadurch auch die Stickstoffmenge im Kot mit 5,67 g gegenüber 6,77 g, wogegen die im Urin
ausgeschiedene Stickstoffmenge anstieg. Sie betrug in der
II. Periode 9,49 g, in der VIII. Periode 10,31 g.

---

1) Siehe II. Teil.

Diese Zahlen bedeuten eine Verbesserung der Aus·
nutzung der Gesamtnahrung, die sich von 56% auf 63,2%
steigerte, und diese Verbesserung ist nur zurückzuführen auf den
an Stelle der Wurst genossenen Käse, dessen Milcheiweiß eine
sehr wenig kotbildende und leicht resorbierbare Substanz bildet.
Dabei ist jedoch zu bemerken, daß das resorbierte Milch- resp.
Käseeiweiß nicht ebensogut wie Fleischeiweiß assimiliert[1]) wird,
und so sehen wir daher auch, im Gegensatz zur II. Periode an
Stelle von 9,49 g Stickstoff im Harn 10,31 g auftreten, ein
Faktum, welches seinerseits die Minusbilanz von — 0,61 veranlaßt hat.

Zieht man aus diesen Erwägungen einen praktischen Schluß,
so würde er dahin gehen, den Kakao in Verbindung mit viel
Milcheiweiß zu reichen, weil dabei die Gesamtnahrung um einige
Prozent besser ausgenutzt wird. Da aber bei Milchnahrung die
Ausnutzung des Eiweißes zwar besser ist, aber die Ausfuhr im
Harn vergrößert wird, so würde mit dieser Empfehlung nicht viel
gewonnen sein.

Jedenfalls ist mit der Ermittelung der Verbesserung der
Gesamtausnutzbarkeit der Nahrung keinesfalls der Beweis geliefert,
daß der Kakao dies bewirkt habe. In diesem Falle hat er jedenfalls nur eine sehr passive Rolle gespielt, da die Verbesserung
auf Kosten der Veränderung des Nahrungsregimes gegangen ist.

Man könnte vielleicht höchstens sagen, die Nahrungsveränderung habe die Ausnutzung des Kakaos verbessert, aber auch
das ist nicht bewiesen, sondern es ist nur bewiesen, daß durch
die Nahrungsveränderung eine Verbesserung der Gesamtausnutzbarkeit eingetreten ist. Über den Anteil des Kakaos läßt sich,
wie oben ausgeführt wurde, bei gemischter Kost durch Berechnung
kein sicherer Anhaltspunkt geben.

Ich finde daher keine rechte Erklärung für die Angaben von
Forster[2]), welcher aus seinen Befunden schloß, daß der Kakao
nicht nur nicht selbst sehr gut verdaut würde, sondern auch die
Verdauung der Milch und des Gebäckes verbessert hätte. Richtig

---

1) Siehe die Ausführungen in der II. Periode und weiter oben.
2) Forster, Hygien. Rundschau, 1890.

ist, wie wir aus den obigen Versuchen sehen, daß die Milchnahrung die Kotmenge und mit ihr die ausgeschiedene Stickstoffmenge im Kot sinkt, die Ausnutzung gegenüber einer Fleischnahrung und Kakao zunächst verbessert ist, daß aber die Verbesserung zum Teil wieder illusorisch wird, wenn im Harn dabei
mehr Stickstoff zur Ausscheidung gelangt. Da in den Forsterschen Versuchen Stickstoffuntersuchungen im Harn unterblieben zu
sein scheinen — wenigstens konnte ich keine Angaben darüber
finden — so wissen wir auch nicht, wie sich die Resultate dann
gestaltet haben würden. Eine »Verbesserung der Verdauung« und sei es auch nur der Milchverdauung durch Kakao,
welcher bei Einnahme von 60 g doch so erhebliche Kotmengen
bildet, wodurch wiederum sehr viel Stickstoff unbenutzt fortgeht,
kann mit meinen Versuchen demnach nicht wohl in Einklang
gebracht werden.

Es wird sich nicht umgehen lassen und ist für manche
wichtige Ermittelungen durchaus notwendig, daß man in solchen
Fällen, wo man auch nur die »Ausnutzung« einer Substanz
ermitteln will, sich nicht nur auf den Kotstickstoff beschränkt,
sondern den Gesamtstickstoffumsatz im Kot und im Harn berücksichtigt, weil man erst dann ein klares Bild über die Verwertung
des Eiweißes in der untersuchten Substanz erhält.

Die Fettausnutzung war besser wie in der II. Periode.
Sie betrug dort 89%, hier 91,8%. Die Verbesseruug ist einmal
darauf zurückzuführen, daß weniger Kot gebildet worden ist und
dadurch das Fett besser zur Ausnutzung kam, und daß anderseits auch das Fett des Käses sehr gut und leicht resorbierbar
ist, leichter als das in den Wurstküchen eingeschlossene
Schweinefett.

Die Verwertbarkeit des Kakaoöls dürfte in beiden Versuchen
dieselbe gewesen sein.

IX. Periode (Schlußperiode).

Die Endperiode erbrachte den Beweis, daß die Funktionen
des Organismus noch völlig intakt waren. Die Zahlen stimmen

mit denen der Vorperiode recht gut überein. Die Einnahmen waren in beiden Fällen dieselben:

	Kot lufttrock.	N i. Kot	N im Harn	Bilanz	N-Aus- nutzung	Fett-Aus- nutzung
Vorperiode:	43	2,7	12,35	+ 0,42	82,5	95,0
Nachperiode:	44	2,77	12,15	+ 0,45	20,0	95,1

Das Körpergewicht ist im Laufe des sechswöchentlichen Versuches um 800 g gesunken, eine Beobachtung, die nichts zu sagen hat. Es braucht diese Gewichtsverminderung nicht dem Kakao zugeschrieben werden. Bei so langen, doch recht eintönigen und angreifenden Versuchen ist es sehr naheliegend, dafs trotz dem Stickstoffgleichgewicht das Körpergewicht etwas sinkt.

Vergleich meiner Resultate mit denen früherer Untersucher.

Um einen besseren Überblick zu gewähren, seien die Resultate der Stickstoff- und Fettausnutzung bei Kakaogenufs (i n Prozenten der Ausnutzbarkeit berechnet) der mir in der Literatur zugänglichen Arbeiten und Versuche übersichtlich zusammengestellt.

Durch künstliche Verdauungsversuche ermittelte Werte.

Nach Cohn durch Pankreassaft . . . 51,45 % verdaulich. Eiweifs

»	»	»	Magen-Pankreassaft 52,64 %	»	»
»	Stutzer	»	Verdauungsvers. ca. 60 %	»	»
»	Forster	»	»künstlich verdaut« 60—62 %	»	»

Am Menschen ermittelte Werte:

Nach Forster   80 %

					Fett- ausnutzg.
»	»	83,9 % bei 20 g Kakao			
»	»	77,4 » » 60 g »			
»	»	93,2 » » 20 g » + Milch			
»	»	92,4 » » 60 g » + »			
»	Schlesinger	84,2 % bei 60 g			97,2 %
»	Bedies	84,35 % Helioskakao			97,7 »
»	»	83,7 » v. Houtens Kakao	50 g + ge-		97,4 »
»	»	83,86 » Economiakakao	mischte		97,4 »
»	»	85,57 » Haferkakao	Nahrung		96,9 »
»	»	84,27 » Halb u. Halbkakao			97,1 »

Fettausnutzg.

Nach Beddies	55,3 bei Sanitas-Kakao	150 g	94,3 %
» »	54,1 » v. Houtens Kakao allein		93,9 »
» Lebbin	41,1 » I. Sorte		96,13 »
» »	45,1 » II. » 188—304 g		97,22 »
» »	41,58 » III. Sorte + Zucker		96,83 »
» Weigmann	41,5 » 195 g + Bier oder Wein		94,5 »
» Cohn	53,7 » 100—130 + gemischte Nahrung.		

Hierbei muß aber darauf aufmerksam gemacht werden, daß sich die angegebenen Ausnutzungswerte bei diesen Versuchen bald auf die Gesamtnahrung sich beziehen, bald auf Kakao allein.

Man hat bei all den Versuchen, in denen Kakao mit einer gemischten Nahrung gegeben wurde, übersehen, daß die gefundenen Werte eben nur für die Nahrung + Kakao Geltung haben können, nicht aber für den Kakao allein. Eine einzige Ausnahme machen die Versuche von Cohn, welcher den Anteil der Ausnutzung, welche auf den Kakao fällt, berechnet hat. Da die Berechnung der Kakaoausnutzung aus den für gemischte Nahrung + Kakao, wie wir in vielen Fällen sehen, aber gar nicht sicher zu führen ist, so können auch solche Zahlen nicht absolute Zuverlässigkeit beanspruchen.

Am einwandfreiesten werden — wenn man von der Ausnutzung des Kakaos spricht — immer die Versuche und Resultate sein, in denen nur Kakao allein verwandt wurde. Im andern Falle darf man nur von der Ausnutzung der Gesamtnahrung sprechen. Daraus folgt, daß man auch Versuche, die man unter verschiedenen Bedingungen ausgeführt hat, nicht ohne weiteres miteinander vergleichen und ein Durchschnittsmittel nicht ziehen kann. Die Resultate, die z. B. Beddies bei Einfuhr von Kakao allein erhielt, kann man eben nicht in Vergleich setzen mit denen, die er bei Einfuhr von Kakao + gemischte Nahrung erhielt. Die ersteren sind ungünstiger, die anderen besser. Dieser Versuch bewiese allein schon, wie wichtig es ist, die Bedingungen, unter denen die Resultate gewonnen sind, stets sehr genau in Rechnung zu ziehen. Sehen wir nun

von den durch künstliche Verdauung gefundenen Zahlen
ab, so zeigen die Forsterschen Versuche bei gemischter
Nahrung die besten Resultate — ca. 92% N-Ausnutzung
der Gesamtnahrung. Bei Beddies sind die Zahlen der
Gesamtausnutzung bei gemischter Nahrung schon ca. 10% geringer, und gar bei Cohn betragen sie nur 53,7%. Sie zeigen
also ganz aufserordentlich grofse Differenzen.

Zieht man die Zahlen in Betracht, die sich beim Kakaogenufs allein ergeben, so fallen auch hier die grofsen Unterschiede in die Augen.

Bei Forster betrug die Ausnutzung des Kakaos
ca. 80%, ebenso bei Schlesinger 84,2%. Beddies fand
ca. 54%, Lebbin ca. 43% und Weigmann 41% verdauliches
Eiweifs. Daraus läfst sich entnehmen, dafs dort, wo Kakao gegeben wurde, überall schlechtere Werte erzielt wurden als bei
gemischter Kost + Kakao, und aufserdem ist noch zu konstatieren,
dafs bei Einnahme von gröfseren Mengen Kakao die erhaltenen
Zahlen ungünstiger werden.

Die Werte der Fettextraktion blieben im ganzen dieselben, ob Kakao allein oder Kakao + gemischter Nahrung gereicht worden ist. Die Fettausnutzung beträgt ca. 95%.

Hierzu stellen sich die Resultate meiner Versuche in bezug
auf das Eiweifs in diesem Teil der Arbeit folgendermafsen:

56 % Ausnutzung bei 100 g Kakao mit 34,2% Fett + gem. Nahrg.
52 » » » 100 g » » 15,2 » » + » »
75,2 » » » 35 g » » 34,2 » » + » »
73,2 » » » 35 g » » 15,2 » » + » »
71 » » » 35 g » » 16,8 » » + » »
63 » » » 100 g » » 34,2 » » + » »

Das Eiweifs der gemischten Nahrung allein
wurde zu ca. 82% ausgenutzt.

Die Fettausnutzung betrug:

89 % bei 100 g Kakao mit 34,2% Fett + gemischte Nahrg.
86 » » 100 g » » 15,2 » » + » »
93,9 % » 35 g » » 34,2 » » + » »

92,45% bei 35 g Kakao mit 15,2% Fett + gemischte Nahrung
92,7 »   » 35 g   »   » 16,8 »   » +   »   »
91,8 »   » 100 g »   » 34,2 »   » +   »   »

Das Fett der gemischten Nahrung allein wurde
zu ca. 95% ausgenutzt.

Demgemäfs trifft auch bei meinen Versuchen zu, dafs nach
Einnahme gröfserer Mengen Kakao + gemischter Nahrung die
Ausnutzungszahlen ungünstiger sind, als wenn ich niedrigere
Mengen verabreichte. Allein meine Werte lassen sich nur zum
Teil mit den oben zusammengestellten vergleichen, weil wir bei
den allermeisten obigen Versuchen gar nicht wissen, wieviel
Prozent Fett die benutzten Kakaosorten enthielten. Und gerade
dieses Faktum ist ja von Bedeutung.

Vermutlich haben die andern Autoren, da ihre Versuche
weiter zurückliegen, Kakaosorten benutzt, die ca. 25—30% Fett
enthielten. Für diesen Fall könnten allenfalls meine Resultate
— bei ca. 100 g Kakaoeinnahme + gemischter Nahrung — sich
mit denen, die Cohn fand, decken, d. h. das Eiweifs wurde in
der Gesamtnahrung zu ca. 53—63% ausgenutztu. Vielleicht
liefsen sich noch die von Beddies erzielten Werte bei 50 g
Kakao + gemischter Nahrung mit ca. 83% Ausnutzung mit den
meinigen in Parallele setzen, bei denen sich ca. 75% Ausnutzung
ergaben.

Jedoch alle diese Vergleichsversuche hinken, da die Bedingungen zu verschieden waren, unter denen die Versuche angestellt wurden. Am meisten dürften noch jene Experimente
zu einem rationellen Vergleich geeignet sein, die mit reinem
Kakao angestellt sind. Dieselben sollen im II. Teil der Arbeit
berührt werden.

In betreff der Fettausnutzung sind die Unterschiede im
allgemeinen nicht bedeutend. Die Schwankungen betragen sowohl für gemischte Nahrung + Kakao, als auch für Kakao allein,
bei meinen Versuchen 89—93%, die bei den andern Untersuchern
93—97%. Die Differenzen sind ebenfalls auf die eingenommene
Menge und die verwendete Sorte Kakao zurückzuführen. Unter
allen Umständen ist aber daraus abzuleiten, dafs

das Fett des Kakaos recht gut ausgenutzt wird, jedenfalls bedeutend besser als das Eiweiſs. Bei allen solchen Untersuchungen ist aber ein Punkt von groſser Bedeutung: das ist der Organismus der Untersucher. Die physiologischen und Verdauungsfunktionen eines jeden sind immer wieder verschieden, und so kommt es, daſs die Resultate doch, trotz gleichmäſsiger Einnahmen, anders werden. Man wird deshalb ein richtiges Bild von der Verwertung des Kakaos eben nur bekommen können, wenn an ein und derselben Person die verschiedenen Variationen der Versuchsanordnung und die verschiedenen Bedingungen der Kakaoeinnahme studiert werden können.

Schluſs.

Wenn ich am Ende meiner Ausführungen die Ergebnisse dieser ersten Versuche kurz zusammenfasse, so sollen hier nur einige markante Punkte hervorgehoben werden, während der Gesamtüberblick über alle 86 Stoffwechseltage am Schluſs des II. Teiles gegeben werden wird.

1. Bei der Beurteilung der Resorption des Kakaos spielt zunächst eine bedeutende, vielleicht die gröſste Rolle, ob der Kakao allein oder im Verein mit anderen Stoffen genossen wird.

Bei alleiniger Zufuhr von Kakao erreicht die Ausnutzbarkeit das Minimum. In gemischter Nahrung sind die Resultate günstiger.

Genaue Zahlen über den resorbierten Anteil des Kakaos lassen sich nur angeben, wenn man den Kakao allein genieſst. Bei gemischter Nahrung ist diese Angabe jedoch unsicher, z. T. auch ganz unmöglich.

Es läſst sich nur sagen, daſs die Ausnutzung der Nahrung mit Kakao im Gegensatz zur Nahrung ohne Kakao um so und so viel Prozente verbessert oder verschlechtert wird. Und hier liegt die Sache so, daſs der Kakao die Gesamtausnutzbarkeit der Nahrung herabsetzt.

Während die Nahrung allein in bezug auf ihren Stickstoffgehalt zu 82,5 % ausgenutzt wurde, sinkt dieser Wert bei Ein-

nahme von 100,0 Kakao auf 56%. Der grofse Verlust wird verursacht durch die bedeutende Kotbildung, die der Kakao veranlafst, wodurch andrerseits eine vermehrte Menge unverbrauchten
Stickstoffs ausgeführt wird.

2. Einen weiteren Einflufs auf die Ausnutzbarkeit übt die
Menge des genossenen Kakaos aus. Je gröfser die Zufuhr
von Kakao, desto geringer ist seine Ausnutzung resp.
die Ausnutzung der Gesamtnahrung.

Während die Nahrung + 100 g Kakao zu 56% ausgenutzt
wurde, betrug der Wert bei einer Nahrung + 35 g Kakao 75%.

3. Auch die verschieden zusammengesetzte Nahrung, bei
welcher der Kakao genossen wird, spielt bei der Beurteilung
der Ausnutzung desselben eine Rolle. So beträgt die Ausnutzung des Stickstoffs bei einer Nahrung aus Fleisch (resp. Wurst),
Brot und Käse (resp. Milch) 56%, während bei einer Kost, die
nur aus Käse (resp. Milch) und Brot besteht, die Werte 63,2%
betragen.

Da hier die Differenz ihren Grund in der verschiedenen
Resorbierbarkeit des Fleisch- und Milcheiweifses hat, so ist es
eine fälschliche Annahme zu glauben, dafs der Kakao die Ausnutzung der Nahrung verbessert habe oder selbst durch die
Milch besser ausgenutzt worden sei.

4. Ein besonderes Interesse beansprucht die Frage, ob ein
Kakao mit höherem Fettgehalt im Organismus besser verwertet
würde als ein solcher mit niederem Fettgehalt.

Die Resultate erweisen, dafs ein Kakao, dem das
Fett bis auf ca. 15% abgeprefst ist, die Nahrung so
beeinflufst, dafs 3—4% weniger Stickstoff resorbiert
werden.

Die Ursache ist die bedeutende Erhöhung des Kotes, die ihrer-
seits eine vermehrte Stickstoffausscheidung nach sich zieht.
Die Ausscheidung betrug bei:

100 g Kakao mit 34,2% Fett	44 % Stickstoff	103 Trockenkot
100 » » » 15,2% »	48 % »	132 »
35 » » » 34,2% »	24,8% »	60,0 »
35 » » » 15,2% »	26,6% »	65,2 »

5. Trotz aller Einschränkungen ist das Kakaoeiweifs imstande, einen Teil des Nahrungseiweifses zu ersetzen.

Die Stickstoffbilanz, die bei vollwertiger Nahrung + Kakao sich fast auf dem Gleichgewicht hält, sinkt bei Fortfall des Kakaos auf — 2,27 (3. Periode). Es waren also 100 g Kakao imstande, den Ausfall um — 2,27 g Stickstoff auszugleichen.

Man kann also dem Kakao das Prädikat »Nahrungsmittel« nicht absprechen, wenn er auch nicht als vollwertiges angesehen zu werden verdient.

6. Ein »schalenreicher« Kakao vermehrt den Trockenkot und veranlafst ebenfalls einen geringen Mehrverlust an Stickstoff.

35,0 »schalenfreier« Kakao ergab   4,1 g Stickstoffverlust   65,2 Trockenkot
35,0 »schalenreicher«   »   »   4,6 g   »   71,0   »

7. Die Assimilation des einmal resorbierten Eiweifses steht der der übrigen Eiweifsstoffe nicht nach. Es ist sogar eine sehr bemerkenswerte Tatsache, dafs in den Perioden, in denen im Kot sehr viel Stickstoff unbenutzt weggeführt wird, die übrig bleibenden geringen Mengen vom eingeführten Stickstoff genügen, um das Stickstoffgleichgewicht zu halten.

8. Die Ausnutzung des Fettes läfst im allgemeinen nichts zu wünschen übrig. In der gemischten Nahrung ist sie davon abhängig, ob gröfsere oder geringere Mengen Kakao gegeben werden.

Bei 100 g Kakao ca. 34,2% Fett betrug sie 89,0%
» 35 »   »   » 34,2%   »   »   » 93,9%
In der Nahrung ohne Kakao   »   » 95,0%.

Die Differenz ist wie bei der Stickstoffausnutzung auf die vermehrte Kotabscheidung zurückzuführen.

Weiterhin ist wichtig, dafs die Fettausnutzung bei Einführung eines stark entfetteten Kakaos zur Nahrung geringer ist als die bei Zufuhr eines fettreicheren.

Bei 100 g Kakao ca. 15,2% Fett betrug sie 86,30%
» 35 »   »   » 15,2%   »   »   » 92,45%
also ca. 3% weniger als bei 34,2% Fett enthaltendem Kakao.

9. Der Gehalt an Theobromin veranlafst bei grofsen Gaben vorübergehende Störungen des Allgemeinbefindens. Dagegen in den täglichen, als normal anzusehenden Mengen von 20—30 g Kakao erzeugt er eine angenehm anregende Wirkung.

10. Bei den in diesen Versuchen eingehaltenen Versuchsbedingungen konnte eine diuretische Wirkung nur in äufserst bescheidenem Mafse beobachtet werden.

11. Verdauungsstörungen wurden nie beobachtet, weder Verstopfung noch Diarrhöe.

Die Bewertung des Kakaos als Nahrungs- und Genußmittel.

Experimentelle Versuche am Menschen.

Von

Dr. med. et phil. **R. O. Neumann,**
Privatdozent an der Universität.

(Aus dem Hygienischen Institut der Universität Heidelberg. Direktor:
Geh. Rat Prof. Dr. K n a u f f.)

II. Teil.
Versuche mit verschiedenen Kakaohandelssorten.

(Mit Tafel II und III.)

Einleitung.

Nachdem durch die Versuche im ersten Teil der Arbeit gezeigt worden ist, wie der Kakao im Organismus verarbeitet und verwertet wird, lag es nahe, das, was sich bei e i n e r bestimmten Kakaosorte mit höherem oder niederem Fettgehalt ergeben hatte, auch bei anderen Präparaten zu prüfen.

Einmal interessierte es mich, eine Reihe b e k a n n t e r H a n d e l s s o r t e n, die in ihrer chemischen Zusammensetzung, wenn auch nicht erheblich so doch verschieden waren, kennen zu lernen, ob sie:

1. auch im S t o f f w e c h s e l sich verschieden verhielten; und dann lag es mir daran, festzustellen
2. inwieweit die im ersten Versuche experimentell bewiesene Tatsache von der g e r i n g e r e n W e r t i g k e i t e i n e s s t a r k e n t f e t t e t e n K a k a o s auch bei den im Handel befindlichen höchst entölten Präparaten zutreffen würde. Endlich wollte ich

3. bei den in Frage kommenden Handelssorten über den
   Geschmack, das Aroma und die Suspensionsfähigkeit ein eigenes Urteil gewinnen und die »Bekömmlichkeit« für den Organismus feststellen.

Bei dieser Sachlage war es notwendig, mich mit jedem einzelnen Präparat ebenso eingehend zu befassen wie in dem ersten
Versuch, da es nicht anging, ohne weiteres von dem einen auf
das andere zu schliefsen. Zwar wird man immer bei ähnlich
zusammengesetzten Kakaosorten, besonders in bezug auf den Fettgehalt, auch auf ihre ähnliche Verwertung im Organismus
schliefsen können, allein ein sicherer Beweis ist erst durch
Vergleichsversuche an ein und derselben Person zu
erbringen.

Auch durch Berechnung der Kalorien, wie es z. B.
von Hüppe[1]) und Iuckenack[2]) versucht worden ist, zu einer

---

1) Hüppe hat in der Annahme von

$$1 \text{ g Eiweifs} = 3{,}4 \text{ Kalorien}$$
$$1 \text{ » Fett} = 8{,}5 \text{ »}$$
$$1 \text{ » Stärke} = 4 \text{ »}$$

bei 2 verschiedenen Kakaos folgende
Berechnung zusammengestellt: dagegen bei

16 %	Eiweifs	= 54,4 Kalorien	20 %	Eiweifs	= 68 Kalorien
30 »	Fett	= 255,0 »	15 »	Fett	= 127,5 »
10 »	Stärke	= 40,0 »	12 »	Stärke	= 48,0 »
2,5 »	Pentosane	= 7,5 »	3,5 »	Pentosane	= 10,5 »
		356,9 Kalorien			254,0 Kalorien

und er zieht hieraus den Schlufs, dafs der Nährwert des übermäfsig entfetteten Kakaos gegenüber den mäfsig entölten Präparaten ganz bedeutend
abgenommen habe im Verhältnis von 357 : 254.

2) Zu ähnlichen Überlegungen gelangte Iuckenack unter Zugrunde-
legung der Rubnerschen Zahlen von

$$1 \text{ g Eiweifs} = 4{,}1 \text{ Kalorien}$$
$$1 \text{ » Fett} = 9{,}3 \text{ »}$$
$$1 \text{ » Kohlehydrate} = 4{,}1 \text{ »}$$

bei zwei seiner 30 untersuchten Kakaosorten mit 30,86 und 13,26 % Fettgehalt.

30,86%	Fett	= 287,1 Kalorien	13,26%	Fett	= 123,3 Kalorien
21,58 »	Eiweifs	= 88,5 »	23,95 »	Eiweifs	= 98,2 »
48,2 »	Kohlehydr.	= 49,4 »	14,54 »	Kohlehydr.	= 59,6 »
		425 Kalorien			281,1 Kalorien.

Er schliefst ebenfalls, dafs der Nährwert um mehr als 25 % herabgesetzt
worden ist.

sicheren Beurteilung über den Nährwert der verschieden fettreichen Kakaos zu gelangen, erreicht man nicht, was man eigentlich wünscht. Alle die Zahlen können nur orientierend wirken
und sind so lange ein guter Notbehelf gewesen, so lange keine
Menschenversuche vorlagen; aber einen zwingenden Beweis konnte
man damit nicht führen. Die Kalorien sind nur dann ein Maſs-
stab für den Nährwert einer Substanz, wenn man vorher weiſs,
ob der betreffende Körper vollständig ausgenutzt wird. Das war
aber bei den Handelssorten erst noch zu beweisen.

Diese unsichere Situation kennzeichnet Iuckenack ganz
richtig selbst, indem er sagt: »es sind allerdings meines Wissens
Ausnutzungsversuche zum Vergleiche der beiden Kakaotypen
bisher nicht ausgeführt worden.«

Wie wichtig solche Versuche anderseits sind, geht aus den
Polemiken deutlich hervor, die als Ausfluſs der Konkurrenz-
bestrebungen zwischen den Fabrikanten, welche hochprozentig
fetthaltige Kakaos herstellen und der Reichardtschen Fabrik,
die den stark entfetteten Kakao in den Handel bringt, gelten
müssen.

Da viele, dem stark entfetteten Kakao mit auf den Weg
gegebenen Anpreisungen und Gutachten wissenschaftlich nicht
haltbar sind[1]), der Gegenbeweis in vielen Punkten ohne Versuche
aber auch nur schwer oder kaum zu erbringen ist, so wird einer
unfruchtbaren Polemik Tür und Tor geöffnet und nichts damit
erreicht.

Es ist selbstverständlich nicht meine Absicht, auf diese Aus-
einandersetzungen[2]), die zum Teil mit viel Aufwand an Zeit und

---

1) S. folgende Anmerkung unter Nr. 14.
2) Die bei der Polemik in Frage kommenden Artikel und Arbeiten —
soweit ich ihrer habhaft werden konnte — sind folgende:
   1. H. Iuckenack und C. Griebel, Der Fettgehalt des
      Kakaopulvers. Zeitschr. f. Untersuchung der Nahrungs- und
      Genuſsmittel 1905, Bd. 10, Heft 1 u. 2.
   2. Über fettarmes und fettreiches Kakaopulver, Gordian,
      Zeitschr. f. d. Kakao- und Schokoladenindustrie usw., Nr. 249,
      5. IX. 05, S. 177.
   3. Fettarmer und fettreicher Kakao? Gordian, Nr. 249,
      5. IX. 05, S. 189.

Mühe angefertigt wurden, näher einzugehen; es sollen nur einige
Punkte von allgemeinem Interesse, die zur Nahrungs- und Genufs-
mittelfrage des Kakaos in Beziehung stehen, am Schlufs der
Arbeit besprochen werden, während ich auf die Besprechung der
Befehdung in reinen Standesfragen natürlich verzichten mufs.

Versuche über Resorption und Assimilation des Stickstoffs und des Fettes in verschiedenen Handelssorten.

Wirft man einen Blick auf die Analysen der vielen Kakao-
pulversorten, von denen allein bei König[1]) 58 aufgeführt sind,
so zeigen sich sowohl im Eiweifs- als auch im Fettgehalt

4. Der Kampf um das Fett. Nahrungsmittelwarte. Sept. 1905.
   Chemiker-Nummer.
5. Audiatur et altera pars, Flugblatt, Okt. 1905.
6. Kritik und Abwehr! Nahrungsmittelwarte, Okt. 1905, Verbands-Nummer.
7. Gutachten und Meinungen. Gordian, Nr. 253, Nov. 1905.
8. O si tacuisses, philosophus mansisses. Nahrungsmittelwarte, Nov. 1905, Ärzte-Nummer.
9. E. Luhmann, Der Kakaokrieg. Ebenda.
10. Bischoff, Gutachten. Ebenda.
11. Frz. Schmidt und Ad. Schenk, Bericht über Unter-
    suchungen. Ebenda.
12. Reichardt schlägt Holland! Flugblatt, Dez. 1905.
13. E. Harnack, Die Bedeutung des Fettes für die Ernäh-
    rung gesunder und kranker Kinder. Berliner Tageblatt (Der
    Zeitgeist Nr. 21, 1897).
14. E. Harnack, Über den Nährwert mehr oder minder
    entfetteter Handelssorten des Kakaos. Gordian,
    Nr. 253, 1905.
15. F. Hüppe, Untersuchungen über Kakao, Hirschwald,
    Berlin 1905.
16. Oefele, Kakaosorten am Krankenbette. Deutsche Medizin.
    Presse 1905, Nr. 20, S. 153.
16. Oefele, Ein Antrag Dr. Iuckenacks. Ebenda 1905, Nr. 14,
    S. 107.
17. Frz. Schmidt, Zur Aufklärung über den Fettgehalt des
    Kakaopulvers. Zeitschr. f. öffentl. Chemie 1905, XVI. Heft.
18. Zur Aufklärung, Flugblatt des Verbandes deutsch. Schokoladen-
    fabrikanten.
19. Gegen die übermäfsig entölten Kakaopulver. Flugblatt
    des Verbandes deutscher Schokoladefabrikanten.

1) König, 4. Aufl., Die menschl. Nahrungs- und Genufsmittel, S. 1026.

erhebliche Differenzen. Sie betragen beim Eiweifs im Maximum 26,16%, im Minimum 11,41%. Der Fettgehalt schwankt zwischen 38,76 und 13,18%.

Rubriziert man aber den Fettgehalt, der uns hier zunächst am meisten interessiert, in 3 Kategorien, so finden wir, dafs von den 58 Sorten 47 mehr als 25% Fett,

9 » » 20% »

oder nur 2 » » 13—15% Fett aufweisen.

Iuckenack und Griebel[2]) fanden in 24 untersuchten deutschen Handelssorten 19 mal 25—35% Fett,

1 » 20—25% »

4 » 13—15% »

6 holländische Kakaos zeigten

in 4 Fällen einen Fettgehalt von mehr als 29%

» 2 » » » » » » 20—25%,

d. h. mit anderen Worten, in ca. 80% aller verkäuflichen Pulver sind über 25% Fett enthalten. Die sehr wenig Fett enthaltenden Sorten von 13—15% Fettgehalt beschränken sich nur auf Reichardts Doppelkakao »Monarch« und Reichardts »Pfennig«-Kakao.

Im Pfennig-Kakao fand ich sogar nur einen Fettgehalt von 12,4%.

Wird der Kakaomasse durch Pressung Fett entzogen, so steigt damit der Eiweifsgehalt, eine an sich sehr wichtige Substanz. Da die Steigerung bei einer starken Fettabpressung nicht unbedeutend ist, so könnte man daraus vielleicht folgern, dafs es, um den Nährwert des Kakaos zu erhöhen, rationell sein müfste, so zu verfahren.

Allein hier spielt doch der Verlust des kalorisch doppelt so wertvollen Fettes eine entscheidende Rolle und man kann sehen, dafs der Wert des Kakaos bei weiterer Abpressung mehr und mehr verliert. Sehr deutlich fällt dies in die Augen, wenn man die steigenden Eiweifsmengen und die fallenden Fettmengen addiert.

---

1) Iuckenack und Griebel, a. a. O.

Nehmen wir z. B. an, dafs die zum Abpressen verwendete Kakaomasse enthalte: 50% Fett und 13% Eiweifs, so ergibt sich beim Abpressen von:

					Nähr-subsanz
28% Fett ein Kakaopulver von	30,56% Fett und	18,05% Eiweifs	= 48,61
30% › › › › 28,57% › › 18,57% ›	= 47,14
35% › › › › 23,08% › › 20,00% ›	= 43,08
40% › › › › 16,67% › › 21,67% ›	= 38,34
42% › › › › 13,79% › › 22,42% ›	= 36,21

Hieraus ist ohne weiteres ersichtlich, dafs die Nährstoffe des Kakaos beim Fettabpressen ständig vermindert werden, und zwar beträgt die Verminderung bei 42% Abpressung gegenüber derjenigen von 28% Fett 25%.

Damit ist es aber leider noch nicht abgetan. Da das Eiweifs des Kakao, wie wir unten sehen werden, auch nur zu 50 bis 60% ausgenutzt wird, so mufs der Nährwert doch ganz erheblich sinken.

Es sollte nun durch die folgenden Versuche erwiesen werden, ob die fettreicheren den fettärmeren Kakaos gegenüber den Vorzug verdienten.

Zu diesem Zweck wählte ich sieben bekannte Handelssorten aus, welche einen Fettgehalt von 33% bis 12,4% repräsentierten.

Die Kakaopulver wurden von mir selbst in Läden gekauft und von mir selbst analysiert.

Nach dem Fettreichtum geordnet, kamen zur Untersuchung:

Kakao Suchard . . . . 33,0% Fett 20,12% Eiweifs

Stollwerk, Adler Kakao . . . . 32,2 »   » 21,83 »   »

Kakao v. Houten   . . . . . . 30,8 »   » 21,87 »   »

Hartwig & Vogel, Kakao vero . 27,6 »   » 19,77 »   ›

Reichardt, 3 Männer-Kakao . 24,3 »   » 20,30 ›   ›

Reichardt, Doppelkakao Monarch 13,5 »   » 23,30 »   ›

Reichardt, Pfennig-Kakao . . . 12,4 »   » 19,70 ›   ›

wobei absichtlich eine schweizerische, eine holländische und drei deutsche Marken mit über 25 oder nahezu 25% Fett verwendet wurden. Den sehr fettarmen Kakao unter 15% stellte der Monarch- und Pfennig-Kakao der Firma Reichardt.

Bei diesen Sorten war mir besonders von Wert, daſs ich im 3 Männer- und im Monarch-Kakao ein Präparat vor mir hatte, welches nach seiner Provenienz — wie ich der Reichardt-schen Veröffentlichung [1]) entnehme — von den gleichen Bohnen stammte und nur durch seinen Fettgehalt unterschieden war. Da die eine Marke 24,3% Fett enthielt, die andere bis auf 13,5% abgepreſst war, so bildete die Untersuchung dieser beiden Pulver einen sehr willkommenen Vergleich zu dem im ersten Teil der Arbeit angestellten Versuch mit 34,2 und 15,2% fetthaltigem Kakao derselben Zusammensetzung.

Dieser neue Versuch war in seiner Anlage den ersten voll-ständig gleich. Es wurden wieder dieselben Nahrungsmittel benutzt und in gröſseren Mengen beschafft, auch im übrigen blieben sich die äuſseren Verhältnisse, unter denen der Versuch angestellt wurde, ganz dieselben. Die nebenher geleistete Arbeit war die gleichmäſsige Laboratoriumsarbeit wie früher.

Folgende Tabelle ergibt die für die Nahrung und die zur Untersuchung gelangten Kakaosorten von mir ermittelten Werte in Prozenten.

(Siehe Tabelle auf S. 70.)

Der ganze Versuch dauerte 43 Tage und zerfiel in elf Perioden. Jeder Untersuchungstag reichte von früh 7 bis wieder früh 7 Uhr. Nahrung wurde von früh 7 bis abends

---

1) Audiatur et altera pars, Flugblatt, Okt. 1905.

»..... Die beiden Kakaos tragen die Bezeichnung ‚Gral‘ und ‚Dreimänner‘. Der erstere ist ungewürzt, der letztere gewürzt; beide enthalten 30% Fett, werden aus genau denselben edlen Bohnen fabriziert wie unsere bekannten Marken ‚Monarch‘ und ‚Helios‘; ..... ‚Gral‘ soll die Wahrheit künden, daſs 30 proz. Kakao gegenüber 15 proz. ‚Monarch‘ und 20 proz. Helios fettig schmeckt.

‚Dreimänner‘ soll künden, daſs nur Leute mit derbem Geschmacks- und Geruchssinn gewürzten Kakao trinken können.«

Hierzu ist zu bemerken, daſs nach meinen Analysen der dem Verkehr entnommene ›Dreimänner-Kakao‹ nicht 30, sondern nur 24,3% Fett enthielt, der Monarch-Kakao an Stelle von 15% nur 13,5%.

Nahrung	Wasser	Trocken-substanz	Eiweifs	Fett	Kohle-hydrate[1]	Asche
Cervelatwurst . .	24,8	75,2	21,95	47,3	—	5,5
Briekäse	52,0	48,0	20,43	22,1	—	4,9
Steinmetzbrot . .	42,5	57,5	10,20	0,4	45,2	1,7
Schweinefett . .	—	100	—	100,0	—	—
Zucker	—	100	—	—	100	—
v. Houten . . .	4,5	95,5	21,87	30,8	10,2	8,6
Monarch	7,8	92,2	23,3	13,5	15,3	8,2
3 Männer . . .	6,4	93,6	20,3	24,3	12,1	7,2
Hartwig & Vogel .	4,6	95,4	19,77	27,6	11,5	7,6
Pfennig C. . . .	8,6	91,4	19,7	12,4	14,5	8,3
Suchard	4,7	95,3	20,12	33,0	10,8	7,2
Adler C.	4,7	95,3	21,83	32,2	11,0	6,5

7 Uhr in bestimmten 2—3 stündigen Zwischenräumen eingenommen.

Die Sammlung des Tagesharns und Tageskotes geschah wie im ersten Versuch.

Kaffee, Alkokol, Tee wurden vermieden. Die Wasserzufuhr richtete sich ganz nach Bedarf. Sie betrug im Durchschnitt pro die 1200 g.

In allen Kakaoperioden mit Ausnahme der VIII. und IX. Periode kamen 35 g Kakaopulver zur Verwendung und wurden in kleinen Portionen in Wasser genommen.

Die Funktionen des Organismus waren normal. Störungen wurden während des ganzen Versuches nicht beobachtet.

Die Nahrungszufuhr war in Periode I—VII qualitativ und quantitativ genau dieselbe.

I. Periode (Vorperiode): 3 Tage. Ich versuchte mich, wie im ersten Versuch, mit 100 Cervelatwurst, 150 Briekäse, 400 Roggenbrot, 30 Fett und 100 Zucker = 2575 Kal ins Stickstoffgleichgewicht zu setzen.

II. Periode: 5 Tage. Van Houtens Kakao mit 30,8 % Fett. Für die 35 g Kakao wurde in der Nahrung eine äquivalente Menge Käse beiseite gelassen. Es handelte sich darum,

1) Die Kohlehydrate wurden als Stärke ermittelt.

ob dieser Kakao das Stickstoffgleichgewicht verändern würde. Die Nahrung bestand aus 100 Wurst, 112 Käse, 400 Brot, 28 Fett, 100 Zucker und 35 Kakao = 2589 Kal.

III. Periode: 5 Tage. Reichardts Kakao Monarch mit 13,5 % Fett. Nahrung: 100 Wurst, 111 Käse, 400 Brot, 34 Fett, 100 Zucker, 35 Kakao. Hier sollte gezeigt werden, ob der stark abgepreßte Kakao die Bilanz verschlechterte resp. welchen Einfluß er auf den Stickstoff und Fettumsatz ausübte.

IV. Periode: 5 Tage. Reicharts 3 Männer-Kakao mit 24,3 % Fett. Nahrung: 100 Wurst, 114 Käse, 400 Brot, 29 Fett, 100 Zucker, 35 Kakao = 2592 Kal. In dieser Periode konnte, da der Kakao derselben Provenienz entstammte wie der vorhergehende und nur durch seinen höheren Fettgehalt von ihm abwich, der Einfluß des letzteren auf den Stickstoffumsatz deutlich zum Ausdruck kommen.

V. Periode: 5 Tage. Hartwig & Vogels Kakao vero mit 27,6 % Fett. Nahrung: 100 Wurst, 116 Käse, 400 Brot, 28 Fett, 100 Zucker, 35 Kakao = 2590 Kal. Der Ausfall dieser Periode mußte sich der vorigen eng anschließen, da die Verhältnisse bis auf einen Unterschied von 3 g Fett im Kakao dieselben geblieben waren.

VI. Periode: 5 Tage. Reicharts Pfennig-Kakao mit 12,4 % Fett. Nahrung: 100 Wurst, 116 Käse, 400 Brot, 33 Fett, 100 Zucker, 35 Kakao = 2593 Kal. Bei dem niederen Fettgehalt des Pfennig-Kakaos mußte ganz ähnlich ein Ausschlag erfolgen wie bei Einnahme von Monarch-Kakao, falls der geringere Fettgehalt eine Wirkung ausüben konnte. Diese beiden Perioden sind deshalb von besonderer Wichtigkeit.

VII. Periode: 5 Tage. Suchard-Kakao mit 33 % Fett. Nahrung: 100 Wurst, 115 Käse, 400 Brot, 26 Fett, 100 Zucker, 35 Kakao = 2589 Kal. Im Anschluß an die vorige Periode war anzunehmen, daß der besonders hochprozentig fetthaltige Kakao einen Unterschied gegenüber dem stark entfetteten Pfennig-Kakao ergeben mußte. Die Resultate würden dann im wesentlichen mit denen der II., IV. und V. Periode übereinzustimmen haben.

VIII. Periode: 2 Tage. Stollwercks Adler-Kakao. 1. Tag 35 g, 2. Tag 100 g Kakao. Nahrung: Nur täglich 350 Zucker, nsgesamt 1585 Kal. resp. 1868.

IX. Periode: 2 Tage. Reicharts Monarch-Kakao. 1. Tag 35 g, 2. Tag 100 g Kakao. Nahrung: Nur täglich 350 Zucker, insgesamt 1532 Kal. resp. 1718.

Beide Perioden bilden einen gemeinsamen Versuch und sollen zugleich das Experimentum crucis sein auf die Frage, wie der Kakao allein resp. sein Eiweifs ausgenutzt wird. Wie im vorigen Versuch besprochen wurde, konnte aus den bisherigen Resultaten nur geschlossen werden, wie das Eiweifs der Gesamtnahrung, dem der Kakao zugefügt war, verwertet wurde, und es war deshalb notwendig, Versuche mit Kakao allein vorzunehmen.

Gleichzeitig sollten diese an sich recht mühsamen Versuche den endgültigen und wichtigen Entscheid mit herbeiführen helfen, wie sich der fettreichere Kakao dem fettärmeren gegenüber verhält.

Die beiden Handelssorten Stollwercks Adler-Kakao und Reichardts Monarch wurden deshalb gewählt, weil sie in den Polemiken fast ausschliefslich zum Vergleich miteinander herangezogen wurden.

X. Periode (Nachperiode): 3 Tage. Dieselbe Nahrung wie in der Vorperiode.

XI. Periode (Kakaoölperiode): 2 Tage. Nahrung: 50 Wurst, 203 Käse, 400 Brot, 45 Kakaoöl, 100 Zucker.

Ähnlich wie in Periode VIII und IX sollte die sehr verschieden angegebene Ausnutzung des Kakaoöls zur Entscheidung gebracht werden, wobei es ebenfalls unumgänglich notwendig war, mit reinem ausgeprefsten Kakaoöl zu arbeiten. Es wurde fast die Hälfte der täglichen Fettzufuhr durch Kakaoöl gedeckt. Um die Ausnutzung des letzteren mit der des animalischen Fettes zu vergleichen, wurde das ganze Schweinefett der Nahrung und ein Teil des Wurstfettes durch das Kakaoöl ersetzt. Die Einnahme erfolgte in Form von Brot, welches mit geschmolzenem Fette getränkt war.

Die Zusammensetzung der Nahrung in den einzelnen Perioden folgen in nachstehenden kleinen Tabellen:

I. Periode. Vorperiode.

Nahrungsmittel	Menge	Wasser	Eiweifs	Fett	Kohle-hydrate	Asche
Wurst . . .	100	24,8	21,95	47,3	—	5,5
Käse . . .	150	78,0	30,64	33,1	—	7,4
Brot	400	170,0	40,80	1,6	180,8	6,8
Fett	30	—	—	30,0	—	—
Zucker . . .	100	—	—	—	100,0	—
Summa	780	272,8	93,39	112,0	280,0	19,7

II. Periode. Kakao van Houten.

Nahrungsmittel	Menge	Wasser	Eiweifs	Fett	Kohle-hydrate	Asche
Wurst . . .	100	24,8	21,95	47,3	—	5,5
Käse	112	58,0	23,0	24,7	—	5,5
Brot	400	170,0	40,8	1,6	180,8	6,8
Fett	28	—	—	27,0	—	—
Zucker . . .	100	—	—	—	100,0	—
Kakao . . .	35	1,6	7,65	10,7	3,5	3,0
Summa	775	254,4	93,40	111,3	284,3	20,8

III. Periode. Reichardts Kakao Monarch.

Nahrungsmittel	Menge	Wasser	Eiweifs	Fett	Kohle-hydrate	Asche
Wurst . . .	100	24,8	21,95	47,3	—	5,5
Käse	111	57,8	22,49	24,4	—	5,4
Brot	400	170,0	40,8	1,6	180,8	6,8
Fett	34	—	—	34,0	—	—
Zucker . . .	100	—	—	—	100,0	—
Kakao . . .	35	2,7	8,15	4,7	5,3	2,6
Summa	780	255,3	93,39	112,0	286,1	20,3

74   Die Bewertung des Kakaos als Nahrungs- und Genufsmittel.

IV. Periode. Reichardts 3 Männer-Kakao.

Nahrungsmittel	Menge	Wasser	Eiweifs	Fett	Kohle-hydrate	Asche
Wurst . . .	100	24,8	21,95	47,3	—	5,5
Käse. . . .	114	59,2	23,5	25,2	—	5,5
Brot	400	170,0	40,8	1,6	180,8	6,8
Fett	29	—	—	29,5	—	—
Zucker . . .	100	—	—	—	100	—
Kakao . . .	35	2,2	7,1	8,4	4,2	2,5
Summa	778	256,2	93,35	112,0	285,0	20,3

V. Periode. Hartwig & Vogel. Kakao Vero.

Nahrungsmittel	Menge	Wasser	Eiweifs	Fett	Kohle-hydrate	Asche
Wurst . . .	100	24,8	21,95	47,3	—	5,5
Käse. . . .	116	60,0	23,75	25,6	—	5,6
Brot	400	170,0	40,8	1,6	180,8	6,8
Fett	28	—	—	28,0	—	—
Zucker . . .	100	—	—	—	100,0	—
Kakao . . .	35	1,6	6,9	9,6	4,0	2,6
Summa	779	256,4	93,4	112,1	284,8	20,5

VI. Periode. Reichardts Pfennig-Kakao.

Nahrungsmittel	Menge	Wasser	Eiweifs	Fett	Kohle-hydrate	Asche
Wurst . . .	100	24,8	21,95	47,3	—	5,5
Käse. . . .	116	60,0	23,75	25,6	—	5,6
Brot	400	170,0	40,8	1,6	180,8	6,8
Fett	33	—	—	33,2	—	—
Zucker . . .	100	—	—	—	100,0	—
Kakao . . .	35	3,0	6,9	4,3	5,0	2,6
Summa	784	257,8	93,40	112,0	285,8	20,5

VII. Periode. Suchard-Kakao.

Nahrungsmittel	Menge	Wasser	Eiweifs	Fett	Kohle-hydrate	Asche
Wurst . . .	100	24,8	21,95	47,3	—	5,5
Käse. . . .	115	59,8	23,65	25,4	—	5,6
Brot	400	170,0	40,8	1,6	180,8	6,8
Fett	26	—	—	26,0	—	—
Zucker . . .	100	—	—	—	100	—
Kakao . . .	35	1,6	7,0	11,5	3,8	2,4
Summa	776	256,2	93,4	111,8	284,6	20,3

VIII. Periode. Adler-Kakao. Stollwerck. 1. Tag.

Nahrungsmittel	Menge	Wasser	Eiweifs	Fett	Kohle-hydrate	Asche
Kakao . . .	35	1,6	7,64	11,3	3,8	2,3
Zucker . . .	350	—	—	—	350,0	—
Summa	385	1,6	7,64	11,3	353,8	2,3

2. Tag.

Kakao . . .	100	4,7	21,83	32,2	11,0	6,5
Zucker . . .	350	—	—	—	350,0	—
Summa	450	4,7	21,83	32,2	361,0	6,5

IX. Periode. Monarch-Kakao. Reichardt. 1. Tag.

Nahrungsmittel	Menge	Wasser	Eiweifs	Fett	Kohle-hydrate	Asche
Monarch . .	35	2,7	8,15	4,3	6,1	2,6
Zucker . . .	350	—	—	—	350,0	—
Summa	385	2,7	8,15	4,3	256,1	2,6

2. Tag.

Kakao . . .	100	7,8	23,3	12,5	17,5	8,2
Zucker . . .	350	—	—	—	350,0	—
Summa	450	7,8	23,3	12,5	367,5	8,2

X. Periode. Nachperiode.

Nahrungsmittel	Menge	Wasser	Eiweifs	Fett	Kohle-hydrate	Asche
Wurst . . .	100	24,8	21,95	47,3	—	5,5
Käse	150	78,0	30,64	33,1	—	7,4
Brot	400	170,0	40,80	1,6	180,3	6,8
Fett	30	—	—	30,0	—	—
Zucker . . .	100	—	—	—	100,0	—
Summa	780	272,8	93,39	112,0	280,3	19,7

XI. Periode. Kakaoölperiode.

Nahrungsmittel	Menge	Wasser	Eiweifs	Fett	Kohle-hydrate	Asche
Wurst . . .	50,0	12,4	10,97	23,6	—	2,7
Käse	203	105,5	41,61	41,4	—	9,9
Brot	400	170,0	40,80	1,6	180,8	6,8
Kakaoöl . .	45,4	—	—	45,4	—	—
Zucker . . .	100	—	—	—	100,0	—
Summa	798,4	287,9	93,38	112,0	280,8	19,4

Perioden	Versuchstage		Körpergewicht	Nahrungsmenge	Wasser	Flüssigkeit in der Nahrung	Wasserfreie Nahrung	Eiweifs	Fett	Kohlehydrate	Asche	Gesamt-Stickstoff	Kalorien
						Einnahmen							
I. Periode	1	1	74,6	780,0		272,8	507,2	93,39	112,0	280,0	19,7	14,94	2575
	2	2		780,0		272,8	507,2	93,39	112,0	280,0	19,7	14,94	2575
Vorperiode	3	3		780,0		272,8	507,2	93,39	112,0	280,0	19,7	14,94	2575
	4	4		780,0		272,8	507,2	93,39	112,0	280,0	19,7	14,94	2575
Mittel			74,6	780,0	ca. 1200	272,8	507,2	93,39	112,0	280,0	19,7	14,94	2575
II. Periode	1	5		775,0		254,4	520,6	93,4	111,3	284,3	20,8	14,94	2589
v. Houten	2	6		775,0		254,4	520,6	93,4	111,3	284,3	20,8	14,94	2589
Kakao	3	7		775,0		254,4	520,6	93,4	111,3	284,3	20,8	14,94	2589
35,0 pro die	4	8		775,0		254,4	520,6	93,4	111,3	284,3	20,8	14,94	2589
30,8 % F.	5	9		775,0		254,4	520,6	93,4	111,3	284,3	20,8	14,94	2589
Mittel			74,3	775,0	ca. 1200	254,4	520,6	93,4	111,3	284,3	20,8	14,94	2589
III. Periode	1	10		780,0		255,3	524,7	93,39	112,0	286,9	20,3	14,94	2597
Monarch	2	11		780,0		255,3	524,7	93,39	112,0	286,9	20,3	14,94	2597
Kakao	3	12		780,0		255,3	524,7	93,39	112,0	286,9	20,3	14,94	2597
Reichardt													
35,0 pro die	4	13		780,0		255,3	524,7	93,39	112,0	286,9	20,3	14,94	2597
13,5 % F.	5	14		780,0		255,3	524,7	93,39	112,0	286,9	20,3	14,94	2597
Mittel			74,2	780,0	ca. 1200	255,3	524,7	93,39	112,0	286,9	20,3	14,94	2597
IV. Periode	1	15		778,0		256,2	521,8	93,35	112,0	285,0	20,3	14,94	2592
3 Männer	2	16		778,0		256,2	521,8	93,35	112,0	285,0	20,3	14,94	2592
Kakao	3	17		778,0		256,2	521,8	93,35	112,0	285,0	20,3	14,94	2592
Reichardt													
35,0 pro die	4	18		778,0		256,2	521,8	93,35	112,0	285,0	20,3	14,94	2592
24,3 % F.	5	19		778,0		256,2	521,8	93,35	112,0	285,0	20,3	14,94	2592
Mittel			74,3	778,0	ca. 1200	256,2	521,8	93,35	112,0	285,0	20,3	14,94	2592
V. Periode	1	20		779,0		256,4	522,6	93,4	112,1	284,8	20,5	14,94	2590
Hartwig &	2	21		779,0		256,4	522,6	93,4	112,1	284,8	20,5	14,94	2590
Vogel	3	22		779,0		256,4	522,6	93,4	112,1	284,8	20,5	14,94	2590
Kakao													
35,0 pro die	4	23		779,0		256,4	522,6	93,4	112,1	284,8	20,5	14,94	2590
27,6 % F.	5	24		779,0		256,4	522,6	93,4	112,1	284,8	20,5	14,94	2590
Mittel			74,1	779,0	ca. 1200	256,4	522,6	93,4	112,1	284,8	20,5	14,94	2590

Versuch.

Kot, feucht	Kot, lufttrocken	Harnmenge	Stickstoff im Kot	Stickstoff im Harn	Gesamt-stickstoff	Fett im Gesamtkot	Fett in 1 g Kot	Bilanz pro die	N-Verlust in % der N-Zufuhr	Ausnutzung	Fettverlust in % der Fettzufuhr	Ausnutzung	Bemer-kungen
226,0	43,0	1350,0	2,62	13,15	15,77	5,93							
179,0	41,0	1050,0	2,56	12,16	14,72	5,65		+0,21					
210,0	42,5	960,0	2,59	11,69	15,28	5,86							
205,0	40,5	1040,0	2,47	11,68	14,15	5,58							
205,0	42,0	1100,0	2,56	12,17	14,73	5,79	0,138		17,1	82,9	5,1	94,9	
227,0	57,7	1020,0	3,23	12,52	15,75	6,92							
228,0	58,6	960,0	3,28	12,52	15,80	7,03		−0,15					
235,0	57,2	820,0	3,20	11,81	15,01	6,86							
300,0	57,5	1070,0	3,22	12,34	15,56	6,90							
265,0	59,0	1030,0	3,30	12,16	15,46	7,08							
255,0	58,1	980,0	3,24	11,85	15,09	6,96	0,120		21,6	78,4	6,2	93,8	
247,0	67,3	960,0	4,10	11,25	15,35	8,37							
273,0	66,1	1120,0	4,03	12,28	16,31	8,26		−0,51					
285,0	65,0	970,0	3,96	10,25	15,21	8,12							
305,0	65,4	1020,0	3,98	11,33	15,31	8,17							
240,0	66,2	1180,0	4,03	12,04	16,07	8,27							
270,0	66,2	1050,0	4,02	11,43	15,45	8,25	0,125		26,8	73,2	7,3	92,7	
210,0	56,2	1060,0	3,15	12,08	15,23	6,91							
315,0	65,0	950,0	3,65	11,13	14,78	7,99		+0,22					
245,0	61,5	1030,0	3,45	11,12	14,67	7,56							
230,0	61,3	970,0	3,44	10,33	13,77	7,53							
225,0	56,0	1040,0	3,20	12,24	15,44	6,88							
245,0	60,0	1030,0	3,36	11,36	14,72	7,38	0,123		22,4	77,6	6,6	93,4	
230,0	58,1	1210,0	3,08	11,71	14,79	6,39							
225,0	60,3	1400,0	3,24	12,33	15,57	6,63		+0,40					
242,0	61,2	970,0	3,25	11,52	14,27	6,73							
295,0	62,6	940,0	3,33	12,17	15,50	6,88							
283,0	58,3	1130,0	3,10	10,32	13,92	6,41							
255,0	59,1	1130,0	3,13	11,41	14,54	6,49	0,110		20,9	79,1	5,8	94,2	

Perioden	Versuchstage	Körpergewicht	Nahrungsmenge	Wasser	Flüssigkeit in der Nahrung	Wasserfreie Nahrung	Eiweifs	Fett	Kohlehydrate	Asche	Gesamtstickstoff	Kalorien
				Einnahmen								
VI. Periode	1	25	784,0		257,8	526,2	93,4	112,0	286,6	20,5	14,94	2589
Pfennig-	2	26	784,0		257,8	526,2	93,4	112,0	286,6	20,5	14,94	2589
Kakao	3	27	784,0		257,8	526,2	93,4	112,0	286,6	20,5	14,94	2589
Reichardt	4	28	784,0		257,8	526,2	93,4	112,0	286,6	20,5	14,94	2589
35,0 pro die 12,4 % F.	5	29	784,0		257,8	526,2	93,4	112,0	286,6	20,5	14,94	2589
Mittel		74,1	784,0	ca. 1200	257,8	526,2	93,4	112,0	286,6	20,5	14,94	2589
VII. Periode	1	30	776,0		256,2	519,8	93,4	111,8	284,6	20,3	14,94	2589
Suchard-	2	31	776,0		256,2	519,8	93,4	111,8	284,6	20,3	14,94	2589
Kakao	3	32	776,0		256,2	519,8	93,4	111,8	284,6	20,3	14,94	2589
35,0 pro die	4	33	776,0		256,2	519,8	93,4	111,8	284,6	20,3	14,94	2589
33 % F.	5	34	776,0		256,2	519,8	93,4	111,8	284,6	20,3	14,94	2589
Mittel		74,0	776,0	ca. 1200	256,2	519,8	93,4	111,8	284,6	20,3	14,94	2589
VIII. Periode Stollwerck Adler- Kakao 35,0 + 100,0 34,2 % F.	1	35	385		1,6	383,4	7,64	11,3	353,8	2,3	1,20	1585
	2	36	450		4,7	455,3	21,83	32,2	361,0	6,5	3,49	1868
Summe		73,6	835	ca. 1200	6,3	838,7	29,47	43,5	714,8	8,8	4,69	
IX. Periode Monarch- Kakao Reichardt 35,0 + 100,0 13,5 % F.	1	37	385		2,7	382,3	8,15	4,3	356,0	2,6	1,30	1532
	2	38	450		7,8	442,2	23,3	12,5	367,5	8,2	3,73	1718
Summe		73,1	835	ca. 1200	10,5	824,5	31,45	16,8	723,5	10,8	5,03	
X. Periode	1	39	780		272,8	507,2	93,39	112,0	280,0	19,7	14,94	2575
Nach-	2	40	780		272,8	507,2	93,39	112,0	280,0	19,7	14,94	2575
periode	3	41	780		272,8	507,2	93,39	112,0	280,0	19,7	14,94	2575
Mittel		73,1	780	ca. 1200	272,8	507,2	93,39	112,0	280,0	19,7	14,94	2575
XI. Periode	1	42	798		287,9	510,0	93,38	112,0	280,8	19,4	14,94	2575
Kakaoöl 45,0	2	43	798		287,9	510,0	93,38	112,0	280,8	19,4	14,94	2575
Mittel		73,0	798	ca. 1200	287,9	510,0	93,38	112,0	280,8	19,4	14,94	2575

Kot, feucht	Kot, lufttrocken	Harnmenge	Stickstoff im Kot	Stickstoff im Harn	Gesamtstickstoff	Fett im Gesamtkot	Fett in 1 g Kot	Bilanz pro die	N-Verlust in % der N-Zufuhr	Ausnutzung	Fettverlust in % der Fettzufuhr	Ausnutzung	Bemerkungen
					Ausgaben								
225,0	64,1	1260	4,03	9,91	13,94	8,46							
265,0	67,3	910	4,23	11,08	15,21	8,88							
310,0	70,4	1210	4,43	10,38	14,81	9,29		— 0,16					
240,0	68,2	1440	4,29	9,93	13,22	9,00							
235,0	68,0	1430	4,28	11,10	15,38	8,97							
275,0	67,6	1250	4,28	10,88	15,10	8,84	0,132		28,6	71,4	7,9	92,1	
250,0	54,3	1240,0	3,20	11,31	14,51	6,24							
232,0	60,0	1160,0	3,54	12,21	15,75	6,90		— 0,05					
245,0	56,1	1210,0	3,25	11,58	14,83	6,45							
333,0	60,8	1040,0	3,58	12,22	15,80	6,99							
180,0	61,3	950,0	3,61	10,53	14,14	7,04							
248,0	58,5	1120,0	3,42	11,57	14,99	6,96	0,115		22,9	77,1	6,1	93,9	
90,0	29,5	1240,0	1,78	3,83	5,61			— 3,85					
135,0	43,0	1360,0	2,20	3,58	5,78								
225,0	72,5		3,98	7,41	11,39	5,65	0,078		55,0[1]	45,0[1]	12,9	87,1	
95,0	30,0	1480,0	1,88	3,42	5,30			— 3,81					
194,0	63,5	1230,0	3,30	3,05	6,35								
289,0	93,5		5,18	6,47	11,65	2,89	0,031		75,2[1]	24,8[1]	17,2	82,8	
243,0	44,7	1140,0	2,72	12,91	15,63	5,58							
205,0	42,5	1230,0	2,59	11,61	14,20	5,31		— 0,3					
182,0	42,4	1110,0	2,58	12,14	14,72	5,30							
210,0	43,2	1160,0	2,62	12,22	15,24	5,37	0,125		17,5	82,5	4,8	95,2	
195,0	41,0	1008,0	2,29	12,94	15,25	5,78		— 0,45					
220,0	42,8	1250,0	2,39	13,14	15,53	6,03							
207,0	41,9	1129,0	2,34	13,05	15,39	5,90	0,141		15,7	84,3	5,3	94,7	

1) Nach Abzug des Darmsaftstickstoffs = 0,7 g pro die.

Resultate.

Die tabellarische Übersicht bringt, gleich wie im vorigen Versuche, Einnahmen, Ausgaben und die Bilanz. Daran schliefst sich das Ergebnis der Ausnutzung von Stickstoff und Fett. Die beigegebenen Kurven erleichtern den Überblick und enthalten die Fett-Ein- und Ausfuhr, Stickstoffeinfuhr und -Ausfuhr, im Kot und im Harn und den Trockenkot.

I. Periode: Vorperiode: Die Einfuhr von Eiweifs war im Vergleiche zur Vorperiode des ersten Versuches um einige Gramm geringer, wodurch auch die Gesamtstickstoffeinfuhr etwas verringert wurde. Das Stickstoffgleichgewicht wurde mit + 0,21 recht gut erreicht. Der Trockenkot mit 42,0 und der ausgeschiedene Kotstickstoff mit 2,56 im Mittel ergeben fast genau dieselben Zahlen wie im ersten Versuche. Auch die Fettausnutzung war unverändert und erreichte die bei mir übliche Höhe von ca. 95%.

Der Stickstoff der Nahrung wurde zu 82,9% ausgenutzt.

II. Periode: Eingeführt 35 g Kakao van Houten mit 30,8% Fett.

Gleich wie im ersten Versuche in der V. Periode, wo ebenfalls 35 g 34,2% fetthaltiger Kakao genommen wurde, fand eine vermehrte Kotausscheidung (58,1 g gegenüber 42 g in der Vorperiode) statt, die anderseits eine Erhöhung des Stickstoffs im Kot herbeiführte (3,24 g gegenüber 2,56 g); ein Beweis, dafs auch andere Kakaopulver kotbildend wirken.

Die Stickstoffbilanz müfste demgemäfs gegenüber der Vorperiode bedeutend gesunken sein, doch ist dies nur in sehr bescheidenem Mafse der Fall. Sie beträgt — 0,15 g. Der Grund hierfür liegt in der, der Vorperiode gegenüber verminderten Ausscheidung von Stickstoff im Harn. Das ist ganz dieselbe Beobachtung, die wir bereits im ersten Versuch so drastisch in der II. und III. Periode gesehen haben. Hier wirkte also der van Houtensche Kakao ganz genau so wie in dem ersten Versuch der 34,2% fetthaltige Ariba-Kakao.

Die Fettausnutzung hat 'durch die vermehrte Kotausfuhr etwas gelitten (93,8 % gegenüber 94,9 % in der Vorperiode). Auch dieses Faktum stimmt mit dem parallelen Versuche im ersten Teil.

III. Periode: Eingeführt 35 g Monarch-Kakao Reichardt mit 13,5 % Fett.

Wir beobachten ein Steigen der Minusbilanz von — 0,15 auf 0,51, welches gegründet ist auf eine noch höhere Kotausfuhr als in der vorhergehenden Periode. Dieselbe stieg von 58,1 g auf 66,2 g und kam fast genau der gleich, die wir im ersten Versuche, VI. Periode, bei Einnahme von 15,2 % fetthaltigem Kakao gesehen haben (65,2). Damit stieg auch wiederum die Stickstoffmenge im Kot von 3,24 auf 4,02 g. Um so interessanter ist nun, dafs der Harnstickstoff trotz der vermehrten Kotstickstoffausscheidung weiter sinkt von 11,85 g auf 11,43 g, ein Phänomen, welches wir aus dem ersten Versuch bereits kennen und dort gewürdigt haben. So geben auch in diesem Punkte die Versuche mit analogem stark entfettetem Kakao im ersten Versuche eine gute Übereinstimmung.

Die Fettausnutzung sinkt weiter von 93,8 % auf 92,7 % infolge der vermehrten Kotausfuhr. Die Resultate dieser Periode lehren sehr deutlich, dafs der Monarch-Kakao gegenüber dem Kakao van Houten, d. h. mit andern Worten ein sehr stark abgeprefster Kakao einem mehr Fett enthaltenden nicht gleichzustellen ist, sondern in seiner Fett- und Stickstoffausnutzung dem letzteren nachsteht. Sehr interessant ist es nun, dafs sich auch durch das Schwesterpräparat, dem 3 Männerkakao, welcher derselben Provenienz entstammt wie der Monarch-Kakao, der Einflufs der Fettentziehung nachweisen läfst.

IV. Periode: Eingeführt 35 g: 3 Männer-Kakao Reichardt mit 24,3 % Fett.

Bei dem gröfseren Fettgehalt tritt die Menge des Trockenkotes wieder zurück von 66,2 auf 60 und erreicht fast das Niveau des van Houtens Kakao mit 58,1. Auch die Stickstoffausfuhr sinkt wieder von 4,02 g auf 3,36 g. Da der Harnstickstoff gegenüber der vorhergehenden Periode nicht vermehrt ist, so ist die Gesamtstickstoffausfuhr unter der Einfuhr geblieben und sogar ein N-Ansatz von 0,22 erreicht worden. Auch die Fettausnutzung verbesserte sich wieder und erreichte dieselbe Höhe wie in der II. Periode.

Es ist also auch hier zum dritten Male bei ein und derselben Marke, die nur durch den Fettgehalt sich unterschied, der Beweis erbracht, daß die fettreichere eine bessere Verwertung findet als die fettärmere.

V. und VII. Periode: Eingeführt 35 g: Hartwig u. Vogels Kakao Vero mit 27,6% Fett resp. Suchard-Kakao mit 33% Fett.

Das Ergebnis der Untersuchung dieser beiden Kakaomarken ist im ganzen das gleiche und stimmt auch mit dem van Houtens Kakao und dem Monarch-Kakao gut überein.

Beim Kakao Vero mit 27,6% Fett beträgt der Trockenkot 59,1 g, bei 3 Männer-Kakao mit 24,3% Fett 60 g, bei Suchard-Kakao mit 33% Fett 58,5 g und bei van Houtens Kakao mit 30,8% Fett 58,1 g. Ebenso sind die Zahlen des Kotstickstoffs im allgemeinen bei den genannten 4 Sorten und auch mit dem im ersten Versuch benutzten Ariba-Kakao übereinstimmend. Kakao Vero ergab im Kot 3,13 g N, 3 Männerkakao 3,36 g N, Suchard-Kakao 3,42 g N, van Houtens Kakao 3,24 g N und Ariba-Kakao 3,81 g N, d. h. also je mehr Fett dem Kakao abgepreßt wird, desto mehr steigt der Trockenkot und mit ihm die Stickstoffausfuhr im Kot.

In ganz ähnlicher Weise wird die Fettresorption beeinflußt: Bei Kakao Vero wurden 94,2% Fett ausgenutzt, bei 3 Männerkakao 93,4%, bei Suchard Kakao 93,9%, bei van Houtens Kakao 93,8%, bei Ariba-Kakao 93,9%. Die Kurventabelle veranschaulicht diese Verhältnisse, auch wenn die Zahlenunterschiede nicht erheblich sind, recht deutlich.

Der Harnstickstoff ist in beiden Perioden fast gleich, gegenüber der Vorperiode aber gesunken. Das ist dieselbe Erscheinung wie in Periode II und IV und ebenso beim Ariba-Kakao.

VI. Periode: Eingeführt 35 g Reichardts Pfennig-Kakao mit 12,4% Fett.

Alle Beobachtungen, die an stark entfetteten Proben bisher gemacht wurden, treten am meisten in dieser Periode hervor. Der

Trockenkot steigt auf 67,6 g gegenüber der Vorperiode von 42 g, ähnlich wie beim Monarch-Kakao der Trockenkot 66,2 g betrug. Alle übrigen, mehr Prozent Fett haltenden Pulver zeigen eine Kotmenge von 58—60 g. Auch die Kotstickstoffmenge steigt am höchsten. Sie beträgt 4,28 gegenüber der Vorperiode von 2,56 g und gegenüber dem Kotstickstoff der mehr Prozent Fett haltenden Pulver von durchschnittlich 3,28 g. Die Ausnutzbarkeit des Fettes stellt sich ebenfalls am wenigsten günstig; sie beträgt 92,1% gegenüber der Vorperiode von 94,9%. Die Ausnutzung der Nahrung mit nicht so stark entfetteten Kakaos beträgt im Mittel 94,3, also nur um ein ganz Geringes weniger als die Normalnahrung. Die Stickstoffbilanz zeigt fast Gleichgewicht mit — 0,16, doch ist sie ein wenig geringer geworden im Gegensatz zur vorstehenden Periode, wo sie + 0,4 ausmachte.

Endlich soll noch erwähnt sein, dafs der Harnstickstoff unter den Handelssorten die niedrigste Zahl erreicht, womit die Tendenz des Organismus, auch mit niedrigeren Eiweifsmengen als in der Vorperiode hauszuhalten, gekennzeichnet sein soll. In den Vorperioden fanden sich im Harn 12,17 g Stickstoff.

Resümieren wir die bei den Handelssorten gemachten Erfahrungen, so zeigt sich mit aller Deutlichkeit, dafs diejenigen Kakaosorten, denen am wenigsten Fett entzogen wurde, in bezug auf Ausnutzung an Stickstoff und Fett dem stark entfetteten überlegen sind. Einige wenige Zahlen mögen dies erläutern.

			Ausnutzung des Stickstoffs in der Nahrung	Ausnutzung des Fettes in der Nahrung
Suchard-Kakao	. . . .	33% Fett	77,1%	93,9%
v. Houten Kakao	. . .	30,8% »	78,4%	93,8%
Kakao Vero Hartwig u. Vogel		27,6% »	79,1%	94,2%
Reichardts 3 Männer-Kakao		24,3% »	77,6%	93,4%
»	Monarch-Kakao	13,5% »	73,2%	92,7%[1]
»	Pfennig-Kakao .	12,4% »	71,4%	92,1%[1]

1) Hieraus ergeben sich auch keine Anhaltspunkte dafür, dafs, wie behauptet wird, die feine Pulverisierung auf die Ausnutzung des Fettes und des Stickstoffs einen besonders günstigen Einflufs ausüben sollte.

VIII. Periode: Diese und die folgende Periode fallen insofern aus dem Untersuchungsrahmen der Handelssorten heraus, als von dem verwendeten Adler-Kakao Stollwerck und dem Reichardtschen Monarch nicht 35 g, sondern in 2 Tagen 135 g und an Stelle der übrigen Nahrung nur pro Tag 350 g Zucker genommen wurden. Da kein Fett und kein Eiweifs neben dem Kakao eingeführt wurden, so konnten und mufsten die Resultate der Fett- und Eiweifsausnutzung nur auf das Kakaofett und das Kakaoeiweifs zurückgeführt werden.

Die Zuckermenge wurde hinzugefügt, weil die grofsen Mengen dieses voluminösen Pulvers in Wasser gerührt ohne einen Zucker-zusatz kaum oder nur mit Widerwillen hätten genossen werden können, und weil durch Einführung einer gröfseren Zuckermenge wenigstens die Kalorienzufuhr einigermafsen erhöht werden konnte. Denn die Eiweifszufuhr im Kakao betrug am ersten Tage ja nur 7,64 g = 1,2 g Stickstoff, am zweiten Tage 21,83 g = 3,49 g Stickstoff, zusammen 29,47 g Eiweifs = 4,69 g Stickstoff, und die Fettzufuhr belief sich nur auf 11,3 g am ersten Tage und auf 32,2 g am zweiten Tage, zusammen auf 43,5 g. Die Gesamtkalorieneinfuhr des Kakaoeiweifses und des Kakaofettes und des Zuckers lag mit 1585 Kalorien resp. 1868 immer noch erheblich unter der Normaleinfuhr von 2589 Kalorien.

Das interessanteste Ergebnis ist jedenfalls die hohe Stick-stoffausfuhr im Gegensatz zur Einfuhr.

Eingeführt wurden insgesamt am ersten Tage 1,2 g N
              » zweiten »   3,49 g N
              Summa   4,69 g N

Die Gesamtausfuhr betrug   5,61 g N
             »   5,78 g N
             11,39 g N

Es sind also in 2 Tagen 6,70 g N mehr ausgeschieden als ein-geführt worden, die Minusbilanz und damit der Verlust an Körper-eiweifs wurde aufserordentlich grofs; — 3,35 g pro die. Der hohe Stickstoffverlust ist zum Teil bedingt durch die Unterernährung, in die der Organismus versetzt wurde und zum Teil durch die geringe Ausnutzbarkeit des Kakaopulvers.

Wie groſs der Anteil des letzteren ist muſs aus dem Kotstickstoff zu entnehmen sein.

Der Kotstickstoff beträgt am ersten Tage 1,78 g, am zweiten Tage 2,20 g, zusammen 3,98 g.

Da die Stickstoffeinfuhr am ersten Tage nur 1,2 g betrug und die Ausfuhr im Kot aber 1,78 g, so könnte es den Anschein erwecken, als ob vom Kakaoeiweiſs überhaupt nichts resorbiert worden wäre. Das ist aber nach den früheren Untersuchungen nicht der Fall.

Wir wissen, daſs der Organismus, wie schon im ersten Teil näher ausgeführt wurde, pro Tag im Durchschnitt 0,7 g Stickstoff zur Ausscheidung bringt, welcher aus den Darmsäften stammt.[1] Dieser Wert muſs daher vom gefundenen Kotstickstoff abgezogen werden. Dasselbe gilt vom 2. Tag, an welchem 3,49 g N eingeführt und im Kot 2,20 g wiedergefunden wurden.

Um die Rechnung übersichtlicher zu gestalten, fassen wir die Gesamteinfuhr und die Gesamtausfuhr der beiden Tage zusammen:

Stickstoff-Gesamteinfuhr . . . in 2 Tagen: 4,69 g N
Stickstoff-Gesamtausfuhr im Kot » 2 » 3,98 g N.

---

1) Die Menge des Darmsaftkotes, die sich bei Kakaoversuchen bildet, habe ich versucht, auf folgende Weise ermitteln zu können:
Der Kot in der
Nachperiode (Normalnährung) betrug 43,2 g,
Periode mit 100 g Kakao von 34,2 % Fett + gemischter Nahrung betrug 103 g,
  »   » 100 g Kakao von 15,2 % Fett + gemischter Nahrung betrug 132 g,
  »   » 100 g Kakao von 34,2 % Fett allein betrug 43 g,
  »   » 100 g Kakao von 15,2 % Fett allein betrug 63,5 g.
  Beispiel: 100 g Kakao von 15,2 % Fett + Nahrung geben 132,0 g Kot
          100 g Kakao von 15,2 % Fett allein geben . .   63,5 g »
                                              69,5 g Kot
kommen auf die gemischte Nahrung bei Kakaoeinfuhr.
  Kot aus der Nahrung bei Kakaoeinfuhr . . . . . . 69,5 g
  » » » » ohne Kakaoeinfuhr (Vorperiode) 43,2 g
                                                  26,3 g
Darmsaftkot, der durch Kakaoeinfuhr von 100,0 mehr produziert wird.

Da in 2 Tagen aber 1,4 g Darmsaftstickstoff gebildet wurden, so stammen nur:

$$3,98 \text{ g N}$$
$$- 1,40 \text{ g N}$$
$$\overline{2,58 \text{ g N vom Kakao.}}$$

Nun sind

4,69 g Kakaostickstoff eingeführt,
2,58 g   »   ausgeschieden, also
2,11 g resorbiert worden.

Das bedeutet, auf 100 g Kakaostickstoff berechnet:

$$4,69 : 2,11 = 100 : x$$
$$x = \quad 45\%.$$

Es werden also vom Eiweiß des Kakaos, welcher 34,2% Fett enthält, 45% ausgenutzt.

Der Theobrominstickstoff kann bei der Berechnung der Stickstoffausnutzung unberücksichtigt bleiben, da derselbe nach Rost nicht in den Kot übergeht.

Meine Resultate würden mit denen in Parallele zu setzen sein, die Lebbin[1]) und Weigmann[2]) an verschiedenen Kakaosorten, die allein ohne andere stickstoffhaltige Nahrung genommen wurden, fanden. Es wurden dort 41,1—45,1% Ausnutzung festgestellt. Wenn auch nicht ausdrücklich bemerkt, so ist doch anzunehmen, daß jene Autoren die üblichen Marken mit 25 bis 35% Fett benutzt haben.

Der Harnstickstoff stammt z. T. vom resorbierten Kakaostickstoff, z. T. vom Körpereiweiß.

Ausgeschieden im Harn wurden am 1. Tage 3,83 g N, am 2. Tage 3,58 g N, zusammen 7,41 g.

Unter der Annahme, daß die Menge von 2,11 g Stickstoff, welche resorbiert worden war, auch assimiliert wurde, müßten

$$7,41 \text{ g}$$
$$- 2,11 \text{ g}$$
$$\overline{5,30 \text{ g Stickstoff}}$$

---

1) Lebbin a. a. O.
2) Weigmann a. a. O.

vom Körpereiweiſs stammen. Der Organismus hätte dann pro
die 2,65 g Stickstoff = 16,56 Eiweiſs einschmelzen müssen.

Die Fettausnutzung des Kakaos betrug 87,1 %. Diese
Zahl ist um ca. 5 % niedriger als die Fettausnutzung der in den
vorigen Perioden eingeführten Nahrung + Kakao. Die Differenz muſs, wie sich aus der letzten ›Kakaöl-Periode‹ ergeben
wird, darauf zurückgeführt werden, daſs das Kakaoöl im Kakao,
wenigstens eine gewisse kleine Menge, so fest eingeschlossen ist,
daſs es den Verdauungssäften nicht zugänglich ist. Kakaöl allein
wird bedeutend besser ausgenutzt.

IX. Periode: Zum Vergleich mit dem Adler-Kakao von
34,2 % Fett wurde ganz in derselben Weise der Reichardtsche
Kakao Monarch mit 13,5 % Fett geprüft.

Eingeführt wurden am 1. Tage 35 g, am 2. Tage 100 g.
Entsprechend dem etwas höheren Stickstoffgehalte bei stark abge-
preſsten Kakaos betrugen die Stickstoffmengen im Kakao 1,3 g
resp. 3,73 g, zusammen 5,03 g. Die Fetteinfuhr stellte sich dagegen viel niedriger als in der vorhergehenden Periode. Es
kommen nur insgesamt 16,8 g, und zwar am 1. Tage 4,3, am
2. Tage 12,5 g zur Einfuhr. Damit steht auch die etwas geringere
Kalorienzufuhr von 1532 resp. 1718 gegenüber der in der vorigen
Periode verabreichten Menge von 1585 resp. 1868 in Beziehung.

Genau wie beim Adler-Kakao erreichte die Stickstoff-
gesamtausfuhr von 11,65 g in 2 Tagen gegenüber der Einfuhr
von 5,03 g eine recht hohe Zahl. Die Bilanz betrug demnach pro die — 3,31.

Zunächst fällt aber auf, daſs der Trockenkot in den 2 Tagen
gegenüber der vorhergehenden Periode von 72,5 g auf 93,5 g
gestiegen ist. Ganz entsprechend ist auch die Stickstoffausfuhr
im Kot gestiegen. Sie beträgt im 1. Tage 1,88 g, im 2. Tage
3,30, zusammen 5,18 g, während die Gesamtsumme bei Adler-
Kakao nur 3,98 betrug.

Das ist wieder dieselbe Erscheinung, wie wir sie schon bei
den Untersuchungen der Handelssorten und auch im 1. Teil der
Arbeit bei den stark entfetteten Kakaos gegenüber den Marken
mit reichlicherem Fettgehalt vorfanden.

Wünschen wir hier die wirkliche Ausnutzung des Kakao-stickstoffs zu ermitteln, so müssen wir wie in der vorigen Periode auch den Darmsaftstickstoff in Abzug bringen. Das Exempel gestaltet sich alsdann folgendermafsen:

Stickstoff-Gesamteinfuhr . . . in 2 Tagen: 5,03 g

Stickstoff-Gesamtausfuhr im Kot » 2 » 5,18 g

1,4 g Stickstoff fallen auf den Darmsaftkot, also

$$\begin{array}{r} 5,18 \\ -1,40 \\ \hline 3,78 \text{ g N vom Kakao.} \end{array}$$

An Kakaostickstoff sind eingeführt . . . . 5,03 g N

»   »   » ausgeschieden . . 3,78 g N

1,25 g N

sind resorbiert worden.

Auf 100 g Kakaostickstoff berechnet:

$$5,03 : 1,25 = 100 : x$$
$$x = 24,8\%.$$

Demnach werden vom Eiweifs des Kakaos, welcher nur 13,5% Fett enthält, nur 24,8% ausgenutzt. Es gehen also 75,2% Kakaoeiweifs verloren! Dieser Versuch beweist, dafs die Meinung und die Angabe, ein stark entfetteter Kakao müfste nahrhafter sein wie ein mehr Prozent fetthaltiger, weil die Stickstoff-menge in demselben vermehrt wäre, also durchaus unrichtig ist. Im Gegenteil, der Kakao wird immer schlechter ausgenutzt, je fettärmer er ist, und der Unterschied beträgt bei einer Fettabpressung bis auf 13% fast 50% der Ausnutzbarkeit eines 30% fett-haltigen Kakaos.

Dazu gesellt sich noch der Umstand, dafs bei dem stark entfetteten Kakao immer auch noch ein höherer Fettverlust verbunden ist. Beim Adler-Kakao gingen bei Einnahme des Kakaos allein 12,9% Fett verloren. Beim Monarch-Kakao dagegen 17,2%. Es kamen also nur 82,8% zur Ausnutzung. Die Begründung dafür, welche darin zu suchen ist, daſs mit der vermehrten Kotausscheidung auch Fett zu Verlust geht, welches sonst wohl gut resorbierbar gewesen wäre, haben wir schon im 1. Teil gegeben.

Einer Besprechung bedürfen auch noch die Werte des Harnstickstoffs in beiden Perioden.

Zunächst zeigt die Gesamt-N-Ausfuhr im Harn in den 2 Tagen der Monarch-Periode eine Abnahme von fast 1 g gegenüber der Adler-Periode. Die Ausscheidung betrug bei Adler-Kakaos 7,41 g, bei Monarch-Kakao 6,47 g.

Hier tritt uns die schon öfter gemachte Beobachtung entgegen, daſs trotz einer vermehrten Stickstoffausscheidung im Kot, bei der infolgedessen der Harnstickstoff sich naturgemäſs erhöhen müſste, weniger N ausgeschieden wird. Dies tritt hier sehr drastisch zutage, und ich halte diese Tatsache, welche als ein Novum in ihrer Bedeutung schon im 1. Teil gewürdigt wurde und sich hier von neuem bei reinen Kakaogaben zeigt, als wichtigen Gegenbeweis für die Richtigkeit der oben erhaltenen Resultate.

Weiter ist zu erwähnen, daſs sowohl in der Monarch- wie in der Adler-Periode bei Gaben von 100 g die Stickstoffausfuhren im Harn nicht höher, sondern sogar immer niedriger sind als bei Gaben von 35 g. Das hängt damit zusammen, daſs bei 100 g Kakao dem Organismus eben mehr Stickstoff zugeführt wurde. Mithin brauchte er weniger von seinem Bestande abzugeben. Die Zahlen betrugen:

Adler-Kakao . 1. Tag 3,83 g N im Harn 35 g Kakao
»   »   . 2. » 3,58 g N » » 100 g »
Monarch-Kakao 1. » 3,42 g N » » 35 g »
»   »   . 2. » 3,05 g N » » 100 g »

Im übrigen verraten die Zahlen auch, daſs der Organismus sich bestrebte, wieder allmählich ins Stickstoffgleichgewicht zu gelangen. Das beweist die allmähliche Veränderung des ausgeschiedenen Harnstickstoffs bei gleichzeitigem allmählichen Steigen der Stickstoffbilanz von — 3,35 auf — 3,31.

Wie sehr jedoch der Körper in Mitleidenschaft gezogen wurde, zeigt die Veränderung des Körpergewichtes, welches von 74 kg auf 73,1 kg binnen 4 Tagen sank.

Über den Anteil des Theobrominstickstoffs im Harnstickstoff kann man ganz bestimmte Angaben nicht machen, da
mir nur fremde Angaben über den Theobromingehalt der einzelnen Kakaosorten zur Verfügung standen, und deren Gehalt
auch schwankend ist.

Nehmen wir an, dafs, hoch gerechnet, in 135 g stark entfettetem Kakao 2 g Theobromin vorhanden gewesen seien, so
würden bei einem Gehalt von ca. 30 % Stickstoff 0,60 g Theobrominstickstoff in den Körper in diesen 2 Tagen aufgenommen
worden sein. Davon gehen nach Angaben von Rost[1]) ca. 20 %
in den Harn unzersetzt über. Von den 7,41 g Harnstickstoff in
der Adler-Periode und den 6,47 g Monarch-Periode
gehören alsdann 0,12 g dem Theobrominstickstoff an. Irgend-
welche praktische Bedeutung hat diese Tatsache aber für die
Bewertung des Kakaos nicht.

Eine nach allen anderen Erfahrungen auffallende Tatsache
soll hier noch registriert werden. Während bei so grofsen Mengen
Theobromin, welche alle Erscheinungen einer akuten Vergiftung
ebenso wie in dem ersten grofsen Versuch auch diesmal hervor-
brachten, eine bedeutende diuretische Wirkung zu verzeichnen
ist, war dieselbe in meinen Versuchen nicht oder kaum wahrzu-
nehmen.

X. Periode. Nachperiode: Nahrungszufuhr war dieselbe wie in der Vorperiode. Da die Kalorienmenge wieder auf
die normale Höhe von 2575 stieg, der Kakao aus der Nahrung
weggelassen wurde und dafür die Nahrung der Vorperiode eintrat, fiel auch die Minusbilanz bis auf − 0,3. Sie erreichte nicht
ganz die Höhe der Vorperiode, weil der Organismus durch die
vorherige Periode zu sehr in Mitleidenschaft gezogen war. Der
Trockenkot betrug wieder im Mittel 43,2 g, auch der Kotstickstoff
näherte sich seinem früheren Werte. Der Harnstickstoff stieg
zur selben Höhe wie in der Vorperiode.

---

1) Rost a. a. O.
2) Drusen, Pflügers Archiv.

Es war damit bewiesen, daſs der Organismus in seinen Funktionen nicht beeinträchtigt worden war und die Resultate als zuverlässig angesehen werden konnten.

XI. Periode. Kakaoölperiode: eingeführt 45 g ausgepreſstes Kakaoöl und gemischte Nahrung. Als wichtigstes Ergebnis dieser Periode ist die Ausnutzung des reinen Kakaoöls anzusehen. Sie beträgt 94,7 % und kommt der des tierischen Fettes fast genau gleich. Die Ausnutzung des Fettes der gemischten Nahrung in der Vorperiode betrug 94,9 %, die der Nachperiode 95,2 %. Die gefundene Menge stimmt übrigens mit den früher gefundenen Zahlen ausgezeichnet überein, und sie bestätigt gleichzeitig, daſs das Kakaoöl, wenn es ausgepreſst genossen wird, besser zur Verwendung kommt, als wenn es im Kakao eingeschlossen zur Resorption gelangen soll.

Interessant ist in dieser Periode auch, wie bereits im vorigen Versuch beobachtet, daſs infolge einer sehr hohen Käseeinfuhr der Trockenkot und Kotstickstoff der Normalperiode gegenüber sinkt und der Harnstickstoff steigt.

	Kotstickstoff	Harnstickstoff	Kotmenge (trock.)
Normalperiode:	2,62	12,22	43,2
Kakaoölperiode:	2,34	13,05	41,9

Übersicht über die Verwertung und Ausnutzung des Kakao-stickstoffs in beiden Versuchen.

1. Die Ausnutzung des Stickstoffs in der normalen Nahrung beträgt bei mir im Mittel 83 %.

I. Vers. Vorperiode.	Gem. Nahrg. (Wurst, Brot, Käse)	82,5 %
I. » Nachperiode.	» » » » »	82,0 »
II. » Vorperiode.	» » » » »	82,9 »
II. » Nachperiode.	» » » » »	82,5 »
II. » Kakaoölper.	» » » » »	84,3 »

2. Die Ausnutzung des Stickstoffs im Kakao ist je nach Umständen verschieden. Sie ist abhängig:
a) Ob Kakao allein genossen wird oder mit anderer Nahrung.

Bei Einnahme von Kakao allein ohne jede
andere Nahrung ist die Ausnutzung des Stickstoffs am geringsten.

II. Vers. VIII. Periode. Adlerkakao 45%.

b) Bei der Einnahme des Kakaos in Gemeinschaft
mit anderer Nahrung ist sie abhängig von:

I. Der Menge des Kakaos. Es kann nur der Aus-
nutzungseffekt der Gesamtnahrung, mit welcher der Kakao mit-
genossen wurde, angegeben werden.

Je mehr Kakao zur Nahrung gegeben wird,
desto mehr sinkt die Ausnutzung.

I. Vers. II. Per. Gem. Nahrg. + 100 g Kakao m. 34,2% Fett 56 %
I. » V. »   »   » + 30 g »   » 34,2 » » 75,2»

II. Dem Fettgehalt des Kakaos.

Je mehr Fett dem Kakao entzogen wird, desto
mehr sinkt seine Ausnutzung.

I. Vers. II. Per. Gem. Nahrg. + 100 g Kakao mit 34,2% Fett	. . . . 56. %
I. » III. » » » + 100 » » » 15,2 » »	. . . . 52 »
I. » V. » » » + 35 » » » 34,2 » »	. . . . 75,2 »
II. » II. » » » + 35 » » » 30,8 » » (v. Houten)	78,4 »
II. » IV. » » » + 35 » » » 24,3 » » (3 Männer)	77,6 »
II. » V. » » » + 35 » » » 27,6 » » (Kak. vero)	79,1 »
II. » VII. » » » + 35 » » » 33,0 » » (Suchard) .	77,1 »
II. » VI. » » » + 35 » » » 15,2 » »	. . . . 73,4 »
II. » III. » » » + 35 » » » 13,5 » » (Monarch).	73,2 »
II. » VI. » » » + 35 » » » 12,4 » » (Pfennig) .	71,4 »
II. » VIII. » ohn. jed. Nhg. nur 100 » » » 34,2 » »	. . . . 45,0 »
II. » IX. » » » » » 100 » » » 15,2 » »	. . . . 24,8 »

III. Dem Schalengehalt des Kakaos. Bei gröfserem Schalengehalt sinkt die Ausnutzung.

I. Versuch. VII. Periode. Gemischte Nahrung + 35 g Kakao
mit 16,8% Fett (Bahia) 71%.

IV. Der Art der Nahrung.

Es kommt darauf an, ob in den Vordergrund
der Nahrung Fleischeiweifs oder Milcheiweifs tritt.
Bei Milchnahrung ist die Gesamtausnutzung des Stickstoffs
günstiger als bei Fleischnahrung. Jedoch ist dabei die Milch
resp. das Fleisch, nicht der Kakao die Ursache.

I. Versuch. II. Periode. Gemischte Nahrung (Brot, Wurst, Käse)
+ 100 g Kakao mit 34,2% Fett 56%.

I. Versuch. VIII. Periode. Gemischte Nahrung (Brot, Käse)
+ 150 g Kakao mit 34,2% Fett 63%.

3. Der Kakao kann als Nahrungsmittel angesehen
werden, denn sein Stickstoff kann einen Teil des
Nahrungseiweifses ersetzen.

I. Versuch. III. Periode. Gemischte Nahrung + Kakao hatte den
Körper im Stickstoffgleichgewicht gehalten — 0,46.

I. Versuch. IV. Periode. Dieselbe Nahrung ohne Kakao zeitigte
eine Minusbilanz von — 2,27.

4. Der Kotstickstoff steigt und fällt mit dem
Steigen und Fallen des Trockenkotes:

	Trockenkot	Kotstickstoff
I. Vers. I.—VI. Per. I.	43	2,7
II.	103	6,77
III.	132	7,38
IV.	37	2,18
V.	60	3,81
VI.	65,2	4,10.

Der Kotstickstoff nimmt im dem Mafse zu, in
welchem das Kakaopulver entfettet wird.

I. Vers. II. Per. Gem. Nahrg.	+ 100 g Kakao mit 34,2% Fett	. . . . 6,77 g
I. » III. »	»	»	+100 »	»	» 15,2 »	»	. . . . 7,38 »
I. » V. »	»	»	+ 35 »	»	» 34,2 »	»	. . . . 3,81 »
I. » VI. »	»	»	+ 35 »	»	» 15,2 »	»	. . . . 4,10 »
II. » II. »	»	»	+ 35 »	»	» 30,8 »	» (v. Houten)	3,24 »
II. » III. »	»	»	+ 35 »	»	» 13,5 »	» (Monarch).	4,02 »
II. » V. »	»	»	+ 35 »	»	» 27,6 »	» (Kak. vero)	3,13 »
II. » VI. »	»	»	+ 35 »	»	» 12,4 »	» (Pfennig) .	4,28 »

6. Mit der Steigerung des Kotstickstoffs geht
eine Verminderung des Harnstickstoffs einher
und umgekehrt.

	Kotstickstoff	Harnstickstoff
Z. B. I. Vers. I.—IV. Per. I.	2,7 g	12,35 g
II.	6,77 »	9,49 »
III.	7,38 »	8,44 »
IV.	2,18 »	10,92 ».

Übersicht über die Verwertung des Kakaofettes in beiden Versuchen.

1. Die Fettausnutzung bei gemischter Nahrung beträgt bei mir ca. 95 %.

I. Versuch. Vorperiode . . 95 %
I. » Nachperiode . . 95,1 %
I. » IV. Periode . . 95,7 »
II. » Vorperiode . . 94,9 »
II. » Nachperiode . . 95,2 ».

2. Die Ausnutzbarkeit des Kakaoöls unterliegt ganz ähnlichen Schwankungen wie die des Kakaostickstoffs und ist auch im ganzen auf ähnliche Umstände zurückzuführen.

a) Im ausgeprefsten Zustande wird es genau so gut wie animalisches Fett ausgenutzt.

II. Vers. Nachperiode. Normale Nahrung m. animal. Fett 95,2 %
II. » Vorperiode. » » » » » 94,9 »
II. » Kakaoölperiode. » » » Kakaoöl . 94,7 ».

b) Im nichtausgeprefsten Zustande, also im Kakao selbst, ist die Ausnutzung geringer als beim animalischen Fett, es kommt jedoch darauf an, ob

I. gröfsere oder kleinere Mengen Kakao genossen werden.

Bei grofsen Kakaogaben, bei denen viel Kot erzeugt wird, ist die Ausnutzung des Fettes der Gesamtnahrung ungünstiger.

I. Vers. II. Per. Gem. Nahrg. + 100 g Kakao m. 34,2 % Fett 89 %
I. » VIII. » » » + 100 g » » 34,2 » » 89,6 ».

Bei alleinigen Gaben von Kakao ohne andere Nahrung tritt die Ausnutzung des Kakaofettes noch mehr zurück.

II. Versuch. VIII. Periode. Kakao allein mit 34,2 % Fett. 87,1 %.

Werden bei gemischter Nahrung kleinere Kakaogaben verabreicht, so steigt die Ausnut-

zung des Fettes der Gesamtnahrung wieder, sie
bleibt aber stets niedriger als die Ausnutzung
der Normalnahrung ohne Kakao.

I.Vers. V. Per. Gem. Nahr. + 35 g Kak. m. 34,2% Fett   93,9%

II. » II. » » » + 35 g » » 30,8 » »(v.Houten) 93,8 »

II. » IV. » » » + 35 g » » 24,3 » »(3 Männer) 93,4 »

II. » V. » » » + 35 g » » 27,6 » » (K. vero) 94,2 »

II. » VII. » » » + 35 g » » 33,0 » » (Suchard) 93,9 »

II. Hängt die Ausnutzung des Fettes davon ab, ob wir es
mit einem fettreichen oder einem fettarmen Kakao zu
tun haben.

Ein fettreicher Kakao liefert mehr ausnutz-
bares Fett und führt eine bessere Gesamtfettaus-
nutzung der Nahrung herbei als ein fettarmer
Kakao.

I.Vers. II. Per. Gem. Nahr. + 100 g Kakao m. 34,2 Fett   89 %

I. » III. » » » + 100 g » » 15,2 »   86,3 »

Wird der fettarme Kakao allein ohne andere
Nahrung genommen, so erreicht die Ausnutzung
ihr Minimum.

II. Vers. IX. Per. Kakao allein 100 g mit 13,5% Fett 82,8%.

Werden die eingeführten Kakaomengen vermindert, so hebt sich die Fettausnutzung der Gesamtnahrung wieder. Der fettärmere Kakao steht
aber auch bei kleinen Dosen dem fettreicheren
nach.

I.Vers. V. Per. Gem. Nahr. + 35 g Kakao mit 34,2% Fett 93,9%

II. » VII. » » » + 35 g » » 33,0 » » 93,9 »

I. » VI. » » » + 35 g » » 15,2 » » 92,4 »

I. » VII. » » » + 35 g » » 16,8 » » 92,7 »

II. » III. » » » + 35 g » » 13,5 » » 92,7 »

I » VI. » » » + 35 g » » 12,4 » » 92,1 »

Untersuchungen und Beobachtungen über Temperaturen des Getränkes, Suspensionsfähigkeit und Korngröße des Pulvers, über Geruch, Geschmack, Aroma, Verdaulichkeit und Bekömmlichkeit des Kakaos.

Aufser den beiden wichtigsten Punkten, der Eiweifs- und Fettverwertung, welche den Nahrungswert des Kakaos in erster Linie bedingen, treten noch andere Dinge, die für die Güte und den Genufswert eine grofse Rolle spielen, in den Vordergrund. Es sind die Temperatur des Getränkes, die Suspensionsfähigkeit und Korngröfse des Pulvers, der Geruch, Geschmack, die Verdaulichkeit und Bekömmlichkeit.

Soll der Kakao ein Genufsmittel sein, dann müssen die mit den Sinnen wahrzunehmenden Eigenschaften einen angenehmen und wohltuenden Eindruck ausüben und hinterlassen.

Auf das Auge wirkt die Suspension des Kakaopulvers im Wasser, auf die Zunge der Geschmack, auf das Geruchsorgan das Aroma, auf das Gefühl die Temperatur des Getränkes.

Temperatur.

Wie heifs Getränke genossen werden können, ist bei einzelnen Individuen sehr verschieden. Anderseits kommt es auch sehr auf die Zusammensetzung an, ob wir ein wäfsriges oder fetthaltiges Getränk oder eine Flüssigkeit mit suspendiertem Pulver zu uns nehmen. Jedenfalls ist die Temperatur auch für den Kakao, wenn er nach einmaligem Aufkochen vom Feuer heruntergenommen ist und 95—90° beträgt, für Trinkzwecke viel zu hoch. Erst bei niederen Temperaturen kann er dem Körper zugeführt werden.

Auf Grund mehrfacher Prüfungen fand ich dafür folgende Anhaltspunkte:

7,5 g Kakao (eine kräftige Dosis für eine grofse Obertasse) wurden mit kaltem Wasser angerührt, auf 250 ccm aufgefüllt und einmal aufgekocht. Die Temperatur des Getränkes betrug nach Übergiefsen in eine angewärmte Tasse 95°.

Nach	1	Min.	sank	die	Temp.	auf	93°	
»	2	»	»	»	»	»	92°	Wegen zu großer Hitze ungenießbar.
»	4	»	»	»	»	»	86°	
»	5	»	»	»	»	»	83°	
»	6	»	»	»	»	»	80°	
»	8	»	»	»	»	»	75°	Noch zu heiß, auch in kleinen Mengen mit dem Löffel kaum zu nehmen.
»	9	»	»	»	»	»	72°	
»	10	»	»	»	»	»	70°	Sehr heiß, aber in kleinen Mengen mit dem Löffel gut zu nehmen, selbst kleine Schlucke verursachen kein Verbrennen mehr.
»	12	»	»	»	»	»	66°	
»	13	»	»	»	»	»	64°	Angenehm heiß, bereits in größerer Menge trinkbar.
»	15	»	»	»	»	»	61°	Sehr warmes Getränk, Genußreichste Temperatur!
»	18	»	»	»	»	»	55°	Warm, noch mit Genuß zu nehmen.
»	20	»	»	»	»	»	50°	Halbwarm.
»	22	»	»	»	»	»	47°	
»	24	»	»	»	»	»	45°	Lauwarm. Der Genuß beim Trinken ist bereits wesentlich herabgesetzt.
»	28	»	»	»	»	»	40°	Lau.
»	32	»	»	»	»	»	35°	
»	35	»	»	»	»	»	33°	Das Getränk ruft bereits den Eindruck einer gewissen Kühle hervor.
»	40	»	»	»	»	»	30°	

Hiernach würde sich die Temperaturbreite für den mit Genuß zu trinkenden Kakao über 40—75° im Maximum erstrecken und innerhalb dieser Grenzen dürfte sich das Getränk physikalisch, d. h. in seiner homogenen Verteilung nicht verändern.

Wie aus der Tabelle anderseits hervorgeht, erniedrigt sich die Temperatur des Getränkes in der offenen Obertasse 95° bis 40° innerhalb 30 Minuten und so müßte die Suspension des Kakaos bis dahin mindestens erhalten bleiben.

Versuche in dieser Richtung habe ich mit sämtlichen im Stoffwechsel untersuchten Handelssorten vorgenommen und zum Teil recht interessante Beobachtungen machen können.

Suspension.

Es ist ohne weiteres klar, daß ein Kakao, dessen Aufschwemmung im Wasser sich leicht wieder entmischt und einen Teil des Pulvers alsbald wieder zu Boden fallen läßt, einem andern Präparate, welches längere Zeit homogen verteilt bleibt, wesentlich nachsteht· Die in Betracht gezogenen Kakaosorten verhielten sich in dieser Beziehung sehr verschieden, je nachdem ihre chemische Zusammensetzung, ihre Korngröße und wohl auch ihre Aufschließungsweise variierte.

Da in undurchsichtigen Porzellantassen eine Veränderung in der Mischung nicht zu beobachten war, bediente ich mich gleichmäßig gearbeiteter, graduierter Glaszylinder von 25 cm Höhe und 3 cm lichter Weite, die oben mit einem durchbohrten Kork, in welchem ein Thermometer eingesetzt war, verschlossen wurden. Zur Aufschwemmung resp. zum fertigen Kakaogetränk dienten 5 g Kakaopulver zu 250 ccm Wasser, welches nach einmaligem Aufkochen und Abkühlenlassen bis 90⁰ in die Zylinder eingeführt wurde. Das Thermometer reichte bis in die halbe Höhe des Zylinders.

Es mußten nun zunächst genaue Ermittelungen über den Temperaturabfall des Getränkes in dem Glaszylinder erhoben werden, weil die Abkühlungsverhältnisse hier natürlich ganz andere waren wie in der offenen Tasse, und so zeigte sich alsbald, daß die Temperaturbreite von 75⁰—40⁰ nicht in 30 Minuten bereits, sondern erst in ca. 1 Stunde durchlaufen war.

Dadurch war es auch möglich, sich über die Suspensions- resp. Entmischungsverhältnisse der einzelnen Handelssorten ein noch genaueres Bild zu verschaffen. Es konnten so die in dieser Beziehung wertvolleren Kakaosorten besser hervortreten, weil an die Homogenität der Mischung größere Anforderungen gestellt wurden.

Die Beobachtungen über das Absinken der Temperatur wurden bis auf weitere 3 Stunden ausgedehnt, wo dieselbe der Zimmertemperatur von 22⁰ gleichkam.

Die Zahlen sind folgende:

Anfangstemperatur: 90⁰.

Nach	2 Min.	87⁰	Nach	40 Min.	47⁰
»	3 »	85⁰	»	45 »	45⁰
»	5 »	82⁰	»	50 »	42⁰

Nach	7	Min.	78°	Nach	55	Min.	41°
»	10	»	75°	»	60	»	38°
»	12	»	72°	»	70	»	36°
»	15	»	68°	»	80	»	33°
»	18	»	65°	»	90	»	29°
»	20	»	61°	»	100	»	28°
»	22	»	58°	»	110	»	27°
»	25	»	55°	»	120	»	26°
»	30	»	53°	»	3	Std.	22°
»	35	»	50°				

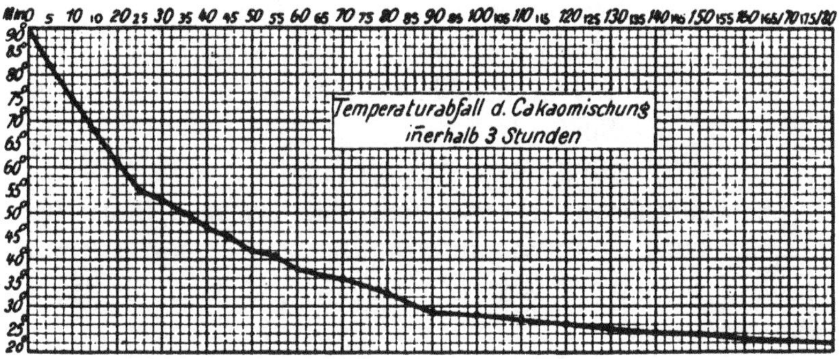

Aus den Zahlen und der Kurventabelle ist deutlich zu entnehmen, dafs der Temperaturabfall in der ersten halben Stunde am intensivsten ist, während die Temperatur alsdann viel allmählicher absinkt, und wir werden sehen, dafs auch die wichtigsten Erscheinungen der Kakaoentmischung bereits in den ersten 30 Minuten zu beobachten sind.

Bringt man die Kakaomischung bis auf 80° abgekühlt in den Zylinder, so verläuft der Temperaturabfall zwar ganz parallel der oberen Kurve, aber die Temperatur sinkt in relativ kürzerer Zeit, so dafs man z. B. schon nach 30 Min. an Stelle von 53° 40° beobachten kann.

Der Entmischungsprozefs ist übrigens nur zum Teil von dem Abfall der Temperatur abhängig, denn auch andere angestellte Versuche bewiesen, dafs die Kakaogemische, wenn sie 30 Min. bis 1 Std. bei 80° gehalten sind, ebenfalls einen Bodensatz absetzten.

Ganz anders verhalten sich, wie wir später sehen werden, Kakaogemische, welche bereits aufgekocht und wieder abgekühlt und dann von neuem aufgeschüttelt wurden, und wieder andere Resultate geben solche Kakaogemische, welche aufgekocht und abgekühlt, umgeschüttelt und wieder aufgekocht wurden.

Zu den Versuchen über die Suspension der mit Wasser angerührten und einmal aufgekochten Kakaos (5 : 200) wurden benutzt:

Van Houtens Kakao

Reichardts Monarch Kakao,

Reichardts 3 Männer-Kakao,

Hartwig & Vogels Kakao vero,

Reichardts Pfennig-Kakao,

Suchards Kakao,

Stollwercks Adler-Kakao.

Die Beobachtungen erstreckten sich auf eine Dauer bis zu 3 Tagen. Bis zu 1 Std. wurden alle 2 Min. Aufzeichnungen gemacht, bis zu 12 Std. alle Stunden, alsdann in längeren Zwischenräumen.

Da es zu weit führen würde, alle Beobachtungen wiederzugeben, habe ich in folgenden Tabellen bei jeder Kakaosorte acht markante Punkte herausgegriffen, die genügend gut über die Veränderungen des Getränkes orientieren. Es sind das die jeweiligen Beobochtungen, bei 2, 5, 10, 20, 30, 60 Min., 4 Std. und 24 Std darin niedergelegt.

Die graphische Darstellung ist leicht zu verstehen: Jedes Feld bedeutet einen Zylinder, welcher bis zur Marke 0 mit Kakaoaufschwemmung gefüllt ist. Die Höhe des Zylinders von 0—22 ist in cm ausgedrückt. Die grau gemalten Felder bedeuten homogene Suspension; die Punkte in den grauen Feldern zeigen ein krümeliges Ausfallen der Mischung an. Die hellen Felder über den grauen sollen die mehr oder weniger wässerige Flüssigkeit anzeigen, die über dem Gemisch sich nach Ausfällen des Pulvers bildet. Am Boden der Zylinder sich bildende Bodensätze von den am schnellsten sich absetzenden Teilchen sind dunkelgrau angedeutet, das in die

Höhe gestiegene Fett durch schwarze Punkte an der 0 - Linie.

van Houten-Kakao.

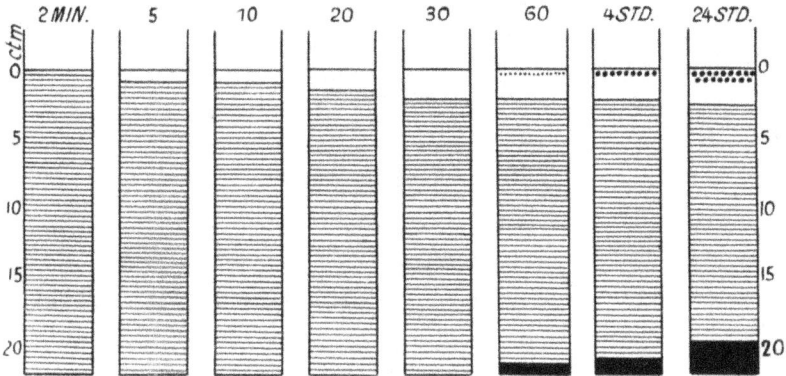

Monarch-Kakao.

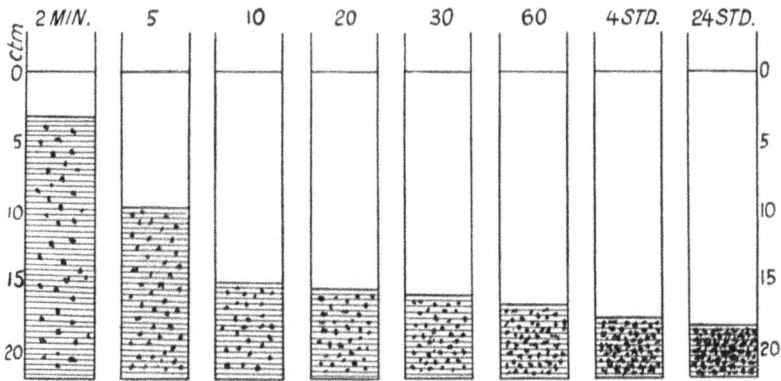

Drei Männer-Kakao.

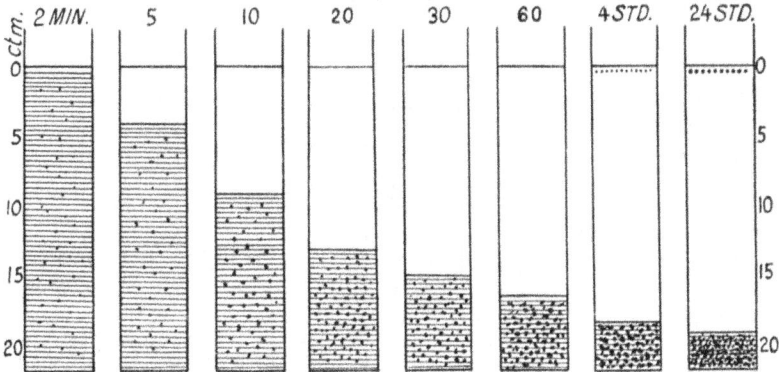

Hartwig & Vogel-Kakao vero.

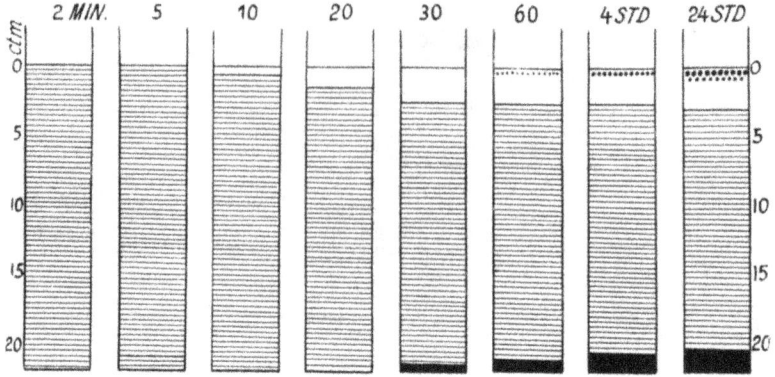

Pfennig-Kakao.

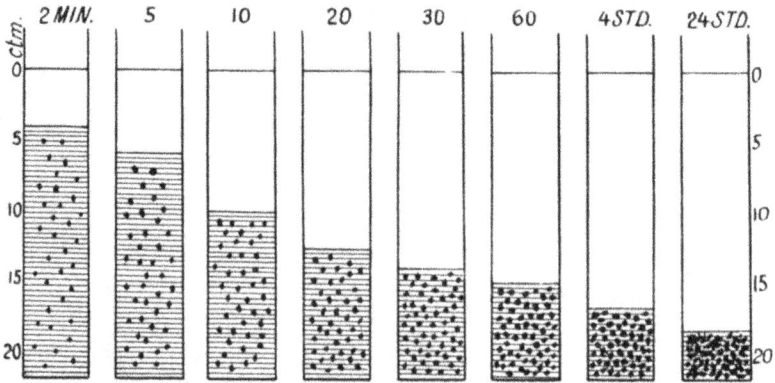

Suchard-Kakao.

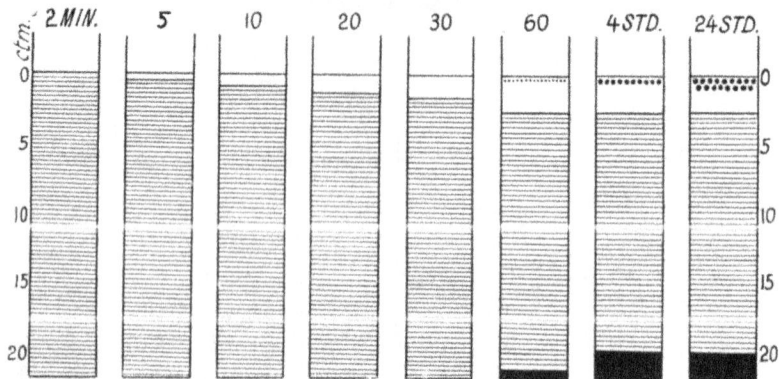

Adler-Kakao.

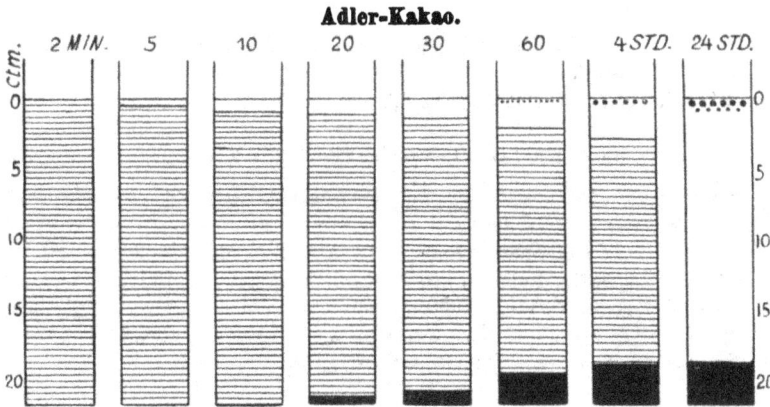

Die Ergebnisse stellen sich folgendermaſsen dar:

1. Kakao van Houten mit 30,8 % Fett.

Der Kakao wird 80° heiſs in den Zylinder gefüllt.

Nach 2 Min. noch keine Veränderung.

- › 5 › entsteht im oberen Teil der Flüssigkeitssäule eine klarere bräunliche Zone von 0,5 cm Breite, die
- › 10 › auf 1,2 cm,
- › 20 › auf 1,6 cm sich verbreitert.
- › 30 › beginnt sich ein ganz geringer Bodensatz zu bilden, der
- › 60 › auf 0,5 cm angestiegen ist. Die klarere Zone im oberen Teil hat kaum zugenommen, auch die Suspension ist vorzüglich erhalten geblieben. An der Oberfläche der Kakaomischung beginnt sich Fett fest abzuscheiden, da die Temperatur unterdessen stark gesunken ist.
- › 4 Std. beträgt der Bodensatz 1 cm Höhe,
- › 24 › 2,3 cm Höhe. Die klarerere Zone hat sich bis auf 2,5 cm verbreitert.

Die ganze Mischung ist natürlich im ganzen dünner geworden, da sich am Boden ja viel angesammelt hat, immerhin blieb sie homogen und fiel nicht auseinander.

2. Kakao Monarch Reichardt mit 13,5 %.

Im Gegensatz zum vorigen Kakao tritt bereits

nach 1—2 Min. eine Entmischung der ganzen Aufschwemmung insofern ein, als dieselbe krümelig wird und alsbald in sich zusammensintert. Das Absinken geht sehr rasch, denn schon

- › 2 › ist eine 3 cm hohe klarere Zone entstanden, die
- › 5 › auf 10, nach 10 Min. auf 15 cm sich verbreitert hat. Der Niederschlag wird dichter und dichter, die darüber stehende Flüssigkeit wässerig. Schon nach 10 Minuten kann man

den Kakao als vollständig entmischt bezeichnen, da mehr als ³/₄ des aufgeschwemmten Pulvers zu Boden gesunken sind.

Nach 24 Std. beträgt der Bodensatz 4,5 cm.

3. 3 Männer-Kakao Reichardt mit 24,3 %.

Hier treten ganz ähnliche Entmischungsverhältnisse auf wie beim »Monarch«-Kakao. Der krümelige Niederschlag scheint aber etwas feiner, wenigstens fällt er feinflockiger aus. Beim Abkühlen des Getränkes scheidet sich an der Oberfläche Fett ab, analog dem Fettgehalt des Pulvers, während beim »Monarch« die Fettausscheidung kaum zu beobachten war. Die über dem Niederschlag stehende klare Zone ist wässeriger und durchscheinender als beim »Monarch« und beim »Pfennig«-Kakao.

4. Hartwig & Vogel. Kakao Vero mit 27,6 % Fett.

Der Kakao Vero ähnelt in seiner Suspensionsfähigkeit fast genau dem Kakao van Houten. Er ist nach 5 Min. noch vollständig suspendiert. Die obere klarere Zone war durchgehends nicht scharf abgesetzt. Bis zu 24 Std. noch sehr gute Suspension, die auch nach 3 Tagen im wesentlichen vorhanden war. Der Bodensatz war nach 24 Std. nur 1,5 cm breit, auch nach 3 Tagen nur 3 cm.

5. Pfennig-Kakao Reichardt mit 12,4 % Fett.

Der Pfennig-Kakao unterscheidet sich von Monarch in seiner Suspension kaum. Beide ähneln in ihrer Beschaffenheit ganz aufserordentlich.

6. Kakao Suchard mit 33,0 % Fett.

Die Verhältnisse liegen ähnlich wie bei van Houtens Kakao und wie bei Kakao Vero. Die Suspension hält bis zu 1 Std. vorzüglich an, erst dann beginnt ein geringer Bodensatz sich zu bilden. An die Oberfläche der klareren Zone, die zum Teil wolkig ist wie bei Hartwig & Vogel-Kakao, sondert sich alsdann eine dunkelbraune noch klarere Schicht ab, die allmählich immer gröfser wird und nach 3 Tagen fast bis auf den Bodensatz reicht. Fett wird in gröfserer Menge an der Oberfläche ausgeschieden.

7. Stollwercks Adler-Kakao mit 34,2 % Fett.

Die homogene Suspension fängt nach ca. 10 Min. an, sich an dem oberen Teil der Flüssigkeit in eine wolkige schmale Zone zu scheiden, von der sich nach ca. 40 Min., ähnlich wie bei Kakao Suchard, eine zweite braune klarere von noch geringerer Breite absondert. Die Senkung feinster Teilchen, die makroskopisch sichtbar sind, geht etwas rascher vorwärts, so dafs bereits noch 20 Min. ein Bodensatz von 0,5 cm entstanden ist. Derselbe wächst innerhalb 1 Std. zu 2 cm, in 4 Std. zu 3 cm. Nach 24 Std. sind die suspendierten Bestandteile fast alle zu Boden gesunken. Die überstehende Flüssigkeit enthält nur noch geringe Mengen in der Schwebe.

Aus diesen Beobachtungen ist zunächst zu entnehmen, dafs unter den untersuchten Kakaosorten sich zwei Gruppen erkennen lassen. Die eine, in der sich der Kakao lange suspendiert hält, die andere, in der sich das Kakaopulver nach ganz kurzer Zeit zu Boden setzt. In letztere gehören die Reichardtschen Kakaos: Pfennig-, Monarch- und 3 Männer-Kakao.

Fassen wir den bei den Temperaturuntersuchungen der in offenen Tassen trinkfertigen Kakaos gefundenen Zeitintervall von 8—32 Min. ins Auge, in welchem die Temperatur des Getränkes von 75⁰ — 40⁰ die für den Genufs geeignetste ist, so sieht man, dafs die Kakaos von Suchard, Stollwerck, van Houten und Hartwig & Vogel in dieser Zeit vollkommen suspendiert bleiben; die schwebenden Bestandteile senken sich selbst bis zu 1 Std. um nur ca. 10% der Flüssigkeitssäule, während die Reichardtschen Kakaos schon nach 20 Min. bis zu mehr als der Hälfte, bei 60 Min. aber bis zu 75% der Flüssigkeitssäule herabgesunken sind.

Da die letzteren Sorten nach 10 Min. langem Stehen, ehe der heifse Kakao genossen werden kann (laut Tabelle sinkt die Anfangstemperatur von 93⁰ im Verlaufe von 10 Min. auf 75⁰), bereits bis zur Hälfte ihre Bestandteile abgesetzt haben, so würde man jedesmal vor dem Trinken genötigt sein die Mischung von neuem zu verteilen, während die anderen Handelssorten vor Eintritt der Temperatur von 75⁰ überhaupt keine Einbufse in ihrer Suspension erleiden.

Interessant sind für die Frage der Suspension noch jene Versuche, die ich mit dem erkaltenden Kakao in denselben Zylindern anstellte. Die Kakaomischungen werden, da sich bei den meisten ein erheblicher Teil des Fettes an der Oberfläche ausgeschieden hatte, 10 Min. lang kräftig geschüttelt und nun die Entmischung weiter beobachtet.

Es zeigte sich hierbei, dafs unter diesen Umständen eine Entmischung des Kakaos erst ganz spät, bei einzelnen Sorten nach 10—20 Std. eintrat. Sogar die leicht sedimentierenden Produkte Pfennig-Kakao und Monarch-Kakao liefsen erst nach einer Stunde einen geringen Bodensatz von 0,3 resp. 0,5 cm erkennen.

Bei 30 Min. bestand in allen Präparaten noch eine homogene Mischung ohne Bodensatz, mit Ausnahme von 3 Männerkakao und Adlerkakao, bei welchen der Bodensatz 1,2 cm resp. 1 cm betrug. Innerhalb 24 Std. stieg der Bodensatz bei allen Sorten auf 2,5—3 cm mit Ausnahme von Kakao Suchard. Hier war er am geringsten und betrug nur 1,8 cm. Letzterer hatte sich in seiner Suspension am besten konserviert. Die über dem Bodensatz stehende Flüssigkeitssäule aller Sorten enthielt noch einen erheblichen Teil des Kakaopulvers, so daß das Getränk noch keineswegs entmischt aussah.

Kocht man dieses Kakaogemisch nun noch einmal auf, und stellt auf diese Weise den Modus der ersten Versuchsreihe wieder her, so treten fast dieselben Phasen der Entmischung auch in bezug auf die Zeit auf, wie wir sie bereits sahen. Binnen 20—30 Min. sind die Reichardtschen Kakaos bis zur Hälfte zu Boden gesunken, die übrigen halten sich noch in Suspension. Es scheint, als ob beim einmal gekochten und erkalteten und wieder aufgekochten Kakao die suspendierten Teile krümeliger und leichter ausfielen.

Nach 4 Stunden zeigten Monarch, Pfennig und 3 Männerkakao 5, 5,5 und 4,5 cm Bodensatz, Suchard ebenfalls 4,5, Hartwig & Vogel 3,5, Adler 2,5, van Houten 3 cm. Die ersteren hatten sich demnach ziemlich gleich wie im ersten Versuch gehalten; von Suchard, Hartwig & Vogel und van Houten war mehr, vom Adlerkakao weniger ausgefallen.

Fragen wir nach der Ursache dieser verschiedenen Befunde, so dürfte für die Suspension beim frisch bereiteten Kakao und für die beim abgestandenen die Temperatur die erste Rolle spielen und mit ihr die Verteilung des Fettes, die im geschmolzenen Zustande bei heißem Kakao ganz anders wirkt, als wenn es nur im abgestandenen kalten Kakao zerschüttelt und in Fragmente zerkleinert der Aufschwung beigemischt ist. Das wird auch schon dadurch bewiesen, daß die Versuche nach dem ersten Modus und dem dritten im ganzen übereinstimmende

Tatsachen ergeben haben, während die mit kaltem Kakao, bei dem sich das Fett als feste Masse bereits ausgeschieden hatte, ganz andere Resultate zeitigten.

Die Wirkung der Suspension überhaupt ist aber abhängig von der Aufschliefsungsmethode des Kakaos, dem Fettgehalt und der Korngröfse desselben. Dafs die erstere einen heilsamen Einflufs ausübt, beweisen die ausführlichen Untersuchungen von Hüppe[1]) über diesen Punkt und die ausgezeichnete Suspension einer der untersuchten Handelssorten, von denen der van Houten-Kakao nach der holländischen Methode aufgeschlossen ist.[2])

Anderseits scheint mir aber auch der Fettgehalt eine ganz bedeutende Rolle zu spielen. Dies ist in den Suspensionsversuchen sehr drastisch zum Ausdruck gekommen, indem die Kakaosorten, denen sehr viel Fett abgeprefst wurde, wie Pfennig und Monarch sich nur sehr mäfsig oder kaum suspendiert erhielten, während die anderen Präparate von 25 und mehr Prozent Fett dies ausgezeichnet taten. Es leuchtet auch ohne weiteres ein, dafs die Kakaofragmente, auch wenn sie gar nicht so übermäfsig klein sind, doch einer längeren Suspension fähig sind, wenn, wie ich mich im mikroskopischen Präparate öfters überzeugen konnte, dieselben mit kleinsten Fettkügelchen dicht besetzt sind, resp. Fettzellen darstellen, denen das Fett noch nicht entzogen ist. Der Schlufs ist jedenfalls zweifellos berechtigt, dafs die Suspension um so mehr gefördert wird, je fettreicher der Kakao ist.

Ich kann mich in dieser Beziehung Hüppe nur anschliefsen, wenn er sagt, dafs eine übermäfsige Entfettung auch für diesen Punkt entschieden kein Vorteil ist.

Eine Beobachtung ist aber auffällig und pafst nicht in den Rahmen der Suspensionsförderung durch das Fett. Das ist die schnelle Entmischung des Kakaos »3 Männer« von Reichardt. Dieses Präparat enthält 24,3 % Fett, also noch einmal so viel wie

---

1) Hüppe, Untersuchungen über Kakao. Berlin, Hirschwald 1905.
2) Bei den anderen Sorten ist mir ein Aufschliefsungsverfahren nicht bekannt.

»Pfennigkakao« und doch setzen sich die suspendierten
Bestandteile so schnell zu Boden wie bei Monarch- und
Pfennigkakao, während sie doch z. B. beim Kakao von
Hartwig & Vogel, welcher nur ca. 3,5% mehr Fett enthält,
in homogener Mischung bleiben. Ich vermag für diese Tatsache
die Erklärung nicht ohne weiteres zu geben; ob es an der Aufschliefsungsmethode liegt oder vielleicht an einem spezifisch
schwereren Korn, welches leichter zu Boden sinkt, ist mir nicht
möglich zu entscheiden. Die Aufschliefsungsmethode ist aber
wohl kaum dafür verantwortlich zu machen, da ja 3 Männer-
kakao und Monarchkakao von denselben Bohnen stammen
sollen.[1]) Für die letztere Auffassung vom spezifisch schwererem
Korn könnten die im mikroskopischen Präparat sichtbaren auffällig vielen dicken Fragmente sprechen, die ich in jedem Präparat
vorfand.

Korngröfse der Kakaosorten.

Da bei jeder Mischung von Pulver die Gröfse der einzelnen
Partikelchen für die Suspension eine hervorragende Rolle spielt
und beim Kakao die Gröfse der Fragmente aufser den oben-
genannten Punkten von wesentlicher Bedeutung zu sein schien,
so habe ich die Gröfsenverhältnisse der Kakaofragmente bei den
verschiedenen Handelssorten zu bestimmen versucht.

Es wurde 1 g Kakaopulver in 20 ccm Natronlauge $\frac{1}{4}$ Std.
gekocht, dann 75 g Wasser zugesetzt, noch einmal aufgekocht und
das Ganze im langen engen Glaszylinder absetzen gelassen, nachdem noch 200 cm Wasser hinzugefügt worden waren. Nach
24 stündigem Stehen habe ich den Bodensatz mittels Pipette
herausgeholt, mit neuem Wasser vermischt und wieder in einem
Zylinder absetzen lassen. Der so entstandene Rückstand wurde
zur mikroskopischen Prüfung mit Chloralhydrat aufgehellt und
in Glyzerin untersucht.

---

1) Audiatur et altera pars. Flugblatt Oktober 1905. Der Unterschied soll nur darin bestehen, dafs dem »Monarch« mehr Fett entzogen ist
Es hätte aber auch noch dabei gesetzt werden müssen, dafs er nicht so fein
gepulvert ist wie Monarch.

Folgende sechs mikroskopischen Bilder geben je ein Gesichts-
feld von van Houtens Kakao, Pfennigkakao, 3 Männer-
kakao, Hartwig & Vogels Kakao, Monarchkakao und
Stollwercks Adlerkakao wieder. Suchards Kakao stand
in seinem mikroskopischen Bilde dem Kakao von Hartwig u.
Vogel so nahe, dafs ich auf eine Wiedergabe verzichten konnte.
Die Zeichnungen wurden bei 80 facher Vergröfserung gezeichnet
(Seitz, Ocul. III. Objekt. 3) und geben Originale der gesehenen
Partikelchen in ihren richtigen Gröfsenverhältnissen wieder. Es
wurden in jedes Gesichtsfeld die gröfsten Fragmente mit
hineingezeichnet, die ich in mehreren Präparaten
finden konnte, um einen Anhaltspunkt für die Korngröfse
der jeweiligen Sorte zu gewinnen.

Ein Blick auf die Tafel zeigt sofort, dafs wir in Reichardts
Kakao, Monarch und Reichardts Pfennigkakao die
feinstpulverisierten Kakaofragmente, die, wie die Reichardt-
Compagnie angibt, mit Windseparatoren gewonnen werden, vor
uns haben. Die Trümmer sind so klein, dafs man zellige
Strukturen kaum mehr erkennen kann. Diese an sich ideale
Zerkleinerung des Kakaos hat aber den Nachteil, dafs das Pulver
viel hygroskopischer ist als gröber pulverisiertes Material, wie
ja auch aus dem anderen Analysenmaterial hervorgeht. Anderseits zeigten die Versuche über die Suspension, dafs auch
die feinste Pulverisierung des Kakaos allein nicht
genügt, die Teilchen in Suspension zu halten, sobald
das Fett fehlt. Die ganz bedeutend grofsen Partikeln in den
Kakaos mit Ausnahme des 3 Männerkakaos schweben doch,
weil sie eben noch viel Fett einschliefsen.

Die Annahme, dafs die feinsten Teilchen von den Verdauungssäften sehr günstig ausgelaugt werden können, mufs ohne weiteres
zugegeben werden. Leider wird aber der Vorteil, wie wir aus
den Stoffwechselversuchen wissen, wieder zum Teil illusorisch.
weil die gebildeten grofsen Kotmengen einen Teil des aussaug-
baren Nährstoffes unbenutzt forttragen. Es wäre also eine feinere
Pulverisierung des Kakaopulvers, als bisher üblich ist, nicht einmal nötig gewesen.

Im Gegensatz zu dem Pfennig- und Monarch-Kakao ist der 3 Männer-Kakao, der ja derselben Provenienz wie der Monarch entstammen soll, auffallend grob pulverisiert. Er enthält nicht die größten Fragmente, aber sehr viele dicke dunkle Zellstücke, die besonders ins Auge fallen, und in keinem anderen Kakao so reichlich vorhanden waren. Ein schnelleres Zu-Boden-sinken dieser Partikelchen wäre in dem nicht sehr fettreichen Kakao immerhin möglich und als Ursache der schnellen Entmischung des 3 Männerkakaos denkbar.

Auf die pharmakognostischen Unterschiede der einzelnen Fragmente einzugehen, liegt hier kein Grund vor, da dieselben für unsere Frage weniger Bedeutung haben.

Die umfangreichsten Fragmente lieferte der van Houten-Kakao, neben sehr vielen mittleren und kleineren Partikelchen. Die im Präparat gefundenen mehrfach langgestreckten Zellen, von denen auch zwei abgebildet sind, gehören meines Erachtens nach dem Zimt an, da Kakao nicht, aber Zimt ähnliche Zellen beherbergt. Übrigens wird durch den Geruch des van Houten-Kakao bestätigt, daß er mit Zimt gewürzt ist, und so könnte auch der Befund erklärt werden. Trotz der sehr großen Zellstücke beibt doch der van Houten Kakao vorzüglich suspendiert; man kann hier auch sehr häufig dicht mit Fetttröpfchen besetzte Zellen, die leicht sich in der Schwebe halten können, finden.

Die drei Sorten, Stollwercks Adler-Kakao, Hartwig & Vogels Kakao Vero und Suchards Kakao sind in bezug auf die Größenverhältnisse ihrer Fragmente sich ziemlich gleich. Es finden sich wenig recht große, am meisten mittelgroße und kleinere Partikel. Fettzellen sind sehr häufig, ein Beweis, daß auch hier ein energischer Kochprozeß mit Kalilauge nicht genügte, alles Fett in Zellen anzugreifen und zu verseifen. Auch hierdurch wird bewiesen, daß die großen Zellstücke durchaus suspensionsfähig sind und eine feine Pulverisierung nicht notwendig ist.

Auf Zahlenangaben über die Größenverhältnisse der Partikel habe ich verzichtet, weil die letzteren zu unregelmäßig

sind, als dafs man Mittelwerte hätte genau angeben können; die
gezeichneten Bilder dürften viel besser Aufschlufs geben können.

Geruch, Geschmack, Aroma.

Geruch und Geschmack sind physiologisch zwei grund-
verschiedene Empfindungen, die aber öfter zusammenwirken und
daher gelegentlich miteinander verwechselt werden. Mit der
Nase prüfen wir nur die zuströmende Luft, die entweder von
aufsen oder auch von den bereits in den Mund geführten Dingen
durch den Nasenrachenraum der Riechgegend der Nase zugeführt
wird, mit den Geschmackspapillen untersuchen wir flüssige und
feste Körper.

So kommt es z. B., dafs wir ein Kakaopulver als angenehm
oder unangenehm aromatisch »schmecken«, während wir das
Aroma in der Nase »riechen«.

Der Geruch und Geschmack kann nun beim einzelnen
verschieden intensiv ausgebildet sein, aber wir finden fast immer,
dafs der Geruch viel weniger subjektiv als der Geschmack ist.
Ob etwas gut oder schlecht riecht, wird fast immer gleich beantwortet, ob aber etwas besser oder schlechter schmeckt, ist durchaus individuell. Die Beobachtungen, die der eine an irgend-
welchen Proben in bezug auf Geschmack macht, sind deshalb
nie bindend für die Geschmacksempfindungen anderer und so
gelten die Angaben über die verschiedenen Kakako-Geschmacks-
proben zunächst nur für die Untersuchsperson. Allein wenn
dessen Empfindungen normale sind, so dürfte sie auch für die
Allgemeinheit Geltung haben.

Wie übrigens die Ansichten über den Geschmack der verschiedenen Kakaosorten, besonders der entfetteten und der fett-
haltigen, auseinandergehen, mögen folgende Beispiele lehren:

Ulex[1]) begutachtet den Monarch-Kakao: »Er besitzt
einen milden, äufserst angenehmen Geruch, und gibt mit Zucker
und heifsem Wasser angerührt, ein kräftiges und wohlschmeckendes
Getränk, das sich durch feines Aroma auszeichnet,« während

---

1) Ulex Dr., Nahrungsmittelchemiker, Gutachten zit. nach Nahrungsmittelwarte. Chemiker Nummer 1905, S. 10.

Hüppe[1]) von demselben Monarch-Kakao feststellt: »daß
das Kakaopulver einen sehr unangenehmen, fast leimartigen
Nebengeschmack hatte, daß sein Geschmack viel schärfer war
als der der anderen Präparate, und daß es einen äußerst unangenehmen Bei- und Nachgeschmack aufwies, so daß es bei der
Prüfung als ganz bedeutend schlechter erschien als alle anderen.«
Iuckenack[2]) meint, ein fettarmer Kakao schmecke dünn, wenig
aromatisch, etwas leimig, während er den Geschmack des üblichen
Kakaos mit mehr Fett als angenehm, vollmundig und aromatisch
bezeichnet.   Luhmann[3]) dagegen sagt, ein 15% fetthaltiger
Kakao habe ein sehr angenehmes, volles Kakaoaroma, bei den
fettreichen Sorten mache sich das Gewürz in aufdringlicher, roher
Weise bemerkbar.   Und ganz enthusiastisch steht in einem Flugblatt[4]): »Berichte über Szenen, in denen Männer, Frauen und
Kinder, die zum ersten Male die stark entfetteten Reichardt-
Kakaos, von kundiger Hand zubereitet, trinken, in Entzücken
über den prächtigen, reinen Geschmack geraten, sind für uns
etwas Alltägliches« usw. . . . . .

Was Iuckenack vollmundig nennt, bezeichnet Schmidt[5])
als fettschleimig.

Ich habe nun die sieben verschiedenen Handelssorten nach
allen Richtungen hin auf den Geschmack und Geruch geprüft
und muß zunächst konstatieren, daß der eigentliche ursprüngliche Kakaogeruch, das »natürliche Kakaoaroma« gar nichts
besonderes »Aromatisches« an sich hat. Ein Kakaoeigengeschmack
ist dagegen ohne weiteres zu konstatieren.

Nun ist freilich die Frage, ob das »natürliche Kakaoaroma und der Kakaoeigengeschmack«, die beide etwas
Charakteristisches, je nach dem Röstverfahren auch Angenehmes
an sich haben, jedermann zusagt.

Wir sind kaum anders gewöhnt, als die Schokolade und auch
den Kakao aromatisiert anzutreffen, und der bei weitem größte

1) Hüppe a. a. O. S. 33.
2) Iuckenack & Griebel a. a. O. S. 45.
3) E. Luhmann. Nahrungsmittelwarte, Ärzte-Nummer, S. 6.
4) Audiatur et altera pars. S. 3, Okt. 1905.
5) Schmidt. Zeitschr. f. physiol. Chemie a. a. O.

Teil der Konsumenten ist damit sehr zufrieden. Es ist deshalb gewifs angebracht, die Kakaos mit einem geringen, feinen aber nicht aufdringlichen Gewürz zu aromatisieren, wogegen andrerseits gegen ein Nichtwürzen natürlich auch nichts einzuwenden ist. Dafs, wie behauptet wird, gelegentlich Kakao aromatisiert wird, um irgend etwas zu verdecken, mag zugegeben werden, aber dafs man die fettreicheren Kakaos nur »wegen des fettigen Geschmackes«[1] würzen sollte, wäre doch recht seltsam.

Geruch und Geschmack der einzelnen Sorten wurde nach Öffnen der dem Handel entnommenen Pakete und Dosen geprüft, und ebenso nach dem Übergiefsen mit heifsem Wasser, wobei das »Aroma« ja bekanntlich deutlicher zutage tritt.

Es fanden sich die fünf Handelssorten: van Houten, Suchard, Stollwerck und Hartwig & Vogel und Reichardts 3 Männer, gewürzt. Reichardts Pfennig und Monarch schienen dagegen nicht gewürzt. Am wenigsten fremdes Gewürz schien mir der Adler-Kakao zu enthalten, welcher ein mildes, einheitliches Aroma aufwies. Mehr hervortrat im Geruch Hartwig & Vogels Kakao Vero, den man als wirklich »gewürzig« bezeichnen müfste. Suchards Kakao zeigt auch ein einheitliches aber strengeres, wenn auch angenehmes Aroma. Bei Kakao van Houten, welcher ebenfalls mild und angenehm roch, trat Zimtgeruch in den Vordergrund. Bei Reichardts 3 Männer-Kakao trat neben einem an sich ausgesprochenen Gewürzreichtum der Geruch nach Macis in den Vordergrund.

Ich für meine Person würde leicht und angenehm gewürzte Kakaos den stark gewürzten unbedingt vorziehen, da ich bei Einnahme grofser Mengen Kakao innerhalb von 13 Wochen zwecks des Stoffwechselversuches kennen gelernt habe, wie bei längerer Dauer die wenig und die stark gewürzten wirken. Ein stark gewürzter, und sei es auch mit einem lieblichen Gewürz gemischter Kakao wird leicht überdrüssig, ganz besonders aber

---

1) Nahrungsmittelwarte, Chemiker-Nummer. Sept. 1905, S. 12.

trifft dies für einen zu, bei dem ein besonderes Gewürz im Vordergrunde steht.

Am wenigsten erfreulich war dies beim 3 Männerkakao mit seinem Macisgeschmack.

Nun steht zwar in einem Reichardtschen Flugblatt[1]): »Dreimänner soll künden, dafs nur Leute mit derbem Geruchs- und Geschmackssinn gewürzten Kakao andauernd trinken können« und in einem Reichardtschen Geschäft in Karlsruhe fand ich im Schaufenster mit grofsen Lettern gedruckt: »Dreimänner mit ca. 30 % sei nur für Personen mit robusten Geruchs- und Verdauungsorganen«. Allein auch so geartete Männer würden ihn, glaube ich, auf die Dauer wohl nicht nehmen wollen.

Reichardt motiviert an derselben Stelle die Würzung des Kakaos folgendermafsen: »Die barbarische Sitte der Würzung von Kakao, die deutsche Fabrikanten holländischen nachahmen, ist nur dann notwendig, wenn in den Fabrikaten mehr als 20 % Fett verbleiben und dieselben nur gröber verarbeitet werden können. Durch Würzung wird nicht allein die Unschmackhaftig- keit des Kakaofettes verdeckt, sondern auch eine Geschmacks- kraft vorgetäuscht, die ein grobes Korn niemals ergeben kann, dagegen durch staubfreie Körnung erzielt wird.«

Und der Chemiker E. Luhmann[2]) findet heraus, dafs das »Gewürz bei fettreichen Sorten zugesetzt zu werden pflegt, um den Nerven des Magens die Berührung mit dem Fett- kleister weniger unangenehm zu machen«. (?!)

Ohne auf die unphysiologischen Erwägungen dieses Autors einzugehen, würde ich Reichardts Idee, die Sitte des Würzens als barbarisch bezeichnen zu wollen, nicht für glücklich halten, erstens um die eigenen gewürzten Präparate nicht zu mifskredi- tieren — sein 3 Männerkakao ist ja gewürzt —, und zweitens, weil ein mildes, angenehmes Aroma, dem Kakao wie der Schoko- lade zugesetzt, in der Tat eine hervorragende Förderung des Genusses dieser Präparate ist.

---

1) Audiatur et altera pars. Okt. 1905, S. 3.
2) Dr. E. Luhmann, Der Kakaokrieg. Nahrungsmittelwarte, Ärzte- Nummer 1905, S. 5.

Ich kann auch aus eigenen intensiven Versuchen mit grofsen und kleinen Mengen von Monarch- und Pfennig-Kakao, der beiden ungewürzten Sorten, bestätigen, dafs gerade diese Versuchstage mir die unangenehmsten waren, weil der Geschmack doch in vieler Beziehung an die oben erwähnte Charakteristik Hüppes erinnerte. Ich habe mir sogar die letzten 2 Tage Spuren von Vanille und Zimt und Karyophyllen hinzugesetzt, um nicht vor weiteren gröfseren Dosen zurückzuschrecken.

Ich könnte aber andrerseits auch glauben, dafs der eine oder andere Vorliebe auch für ungewürzte Präparate haben kann, da die Geschmacksrichtungen eben doch zu verschieden sind.

Von den übrigen Sorten fand ich im van Houtenschen Kakao den Zimtgeschmack wieder heraus. Ausgezeichnet sagte meinem Geschmack das Suchardsche Gewürz zu. Adler zeigte dieselbe Milde wie im Geruch; gleich angenehm war Hartwig & Vogels Kakao, obwohl hier auch im Geschmack das Gewürz mehr hervortrat. Auffallend war mir, dafs beim Kakao Vero nach der Kostprobe eine Spur bitteren Geschmacks zurückblieb, während beim Suchard-Kakao der an sich angenehm bittere Geschmack gleich von vornherein auftrat.

Verdaulichkeit und Bekömmlichkeit.

Bereits im ersten Teil der Arbeit habe ich mich dahin geäufsert, dafs die Begriffe der Verdaulichkeit des Kakaos und seine Bekömmlichkeit durchaus verschieden sind, aber vom Publikum in ein und demselben Sinne gebraucht oder miteinander verwechselt werden.

Die Frage der Verdaulichkeit und Bekömmlichkeit ist in bezug auf das Fett des Kakaos eine der unklarsten gewesen, da experimentelle Beweise bisher fehlten. Infolgedessen finden wir auch in den mehr oder weniger wissenschaftlichen Kontroversen oft an Stelle von sachgemäfsen Deduktionen nur vage Reden oder unsichere Beweise, die aber den wahren Kern der Sache nicht treffen.

Ganz abgesehen davon, dafs das Kakaofett fast überall als
»schwer verdaulich« bezeichnet wird, nennt man den 30 % fett-
haltigen Kakao[1]) einen »Magenverderber, und zwar wegen
des Fettgehaltes, da das Fett die Saftabsonderung im Magen,
sowohl was Menge als Enzymgehalt des Saftes anbelangt, hemmt.«(?!)

Auch Luhmann gibt uns hier eine physiologische Aufklärung[2]): »Es ist allgemein bekannt, dafs Kakao mit gröfserem Fettgehalt in dem Magen der meisten Menschen ein unbehagliches Gefühl
hervorruft. . . . . . Das Fett schmilzt bei + 35⁰ C und bildet bei der
im Magen herrschenden, nur wenig höheren Blutwärme mit den
übrigen Teilen des Kakaomehls eine schmierige klebrige
Masse, welche die Magenwände verkleistert und der
Verdauung zeitweise hinderlich ist. (?!) Es unterliegt daher
keinem Zweifel, dafs das belästigende Vollgefühl und das Unbehagen der Magennerven um so weniger empfunden wird, je mehr
der Fettgehalt des Präparates vermindert worden ist.«

Und weiter teilt er mit (S. 6): »Dafs die gröfseren Fett-
tropfen des grobkörnigen Kakaos sich zum Teil von
den festen Teilen ablösen und das bekannte belästigende Gefühl im Magen verursachen.« (?!)

Zwei andere Chemiker[3]) meinen, »das Kakaofett
bleibe bei seinem hohen Schmelzpunkt im Magendarmkanal des
Menschen viel zu zähflüssig, als dafs es einen hohen
Nährwert besitzen könne; es wäre auch allgemein bekannt, dafs fettreicher Kakao in reichlichen Mengen von Gesunden,
geschweige denn von Kranken, nicht wohl vertragen würde«.

Und ein Gerichtschemiker[4]), dessen Name nicht ge-
nannt ist, hält die Angelegenheit bereits für vollständig geklärt,
indem er sagt: »Die Frage der Verdaulichkeit des Kakaofettes
anlangend, glaube ich nicht, dafs es einen Zweck hat, derselben

---

1) Nahrungsmittelwarte, Chemiker-Nummer. S. 12, Okt. 1905.

2) Luhmann, a. a. O.

3) Fr. Schmidt & Schenk Nahrungsmittelwarte Ärzte-Nummer.
Nov. 1905, S. 11.

4) Nahrungsmittelwarte, Verbands-Nummer 1905, S. 9, 10.

näher zu treten. Es kommt nicht auf die Verdaulichkeit des
Fettes an sich an, sondern auf die Tatsache, daſs ein **stark
fetthaltiger Kakao weniger bekömmlich ist als
ein fettarmer Kakao.** Diese Fragen bedürfen meines Erachtens keiner besonderen Aufklärung mehr.«

Solche »wissenschaftliche Aufserungen« sind selbstverständlich nicht ernst zu nehmen, sie zeigen nur, wie in medizinisch-
physiologischen Fragen geurteilt wird, wenn die ganze Basis zur
Beurteilung solcher Fragen fehlt, und es treten dann leere Worte
für das ein, wofür erst die Beweise zu erbringen wären.

Über die **Verdaulichkeit des Eiweiſses und des
Fettes im Kakao** ist im vorhergehenden ausführlich be-
richtet; über die **Bekömmlichkeit** füge ich noch hinzu, daſs
es keine **Normen** dafür gibt, wem der Kakao »bekommt« oder
»nicht bekommt«. Auch die Milch, unser bedeutsames Nahrungsmittel, bekommt nicht jedem. Das hängt mit der Organisation
des Verdauungstraktus und der Disposition des Einzelnen zusammen. Die **Versuche an mir haben gezeigt, daſs
die verschiedensten Kakaosorten von den im
Handel befindlichen fetthaltigsten und fettärmsten, kleine, mittlere und sehr groſse Dosen auf
eine Zeit von 86 Tagen hinaus, im Verein mit verschiedener Nahrung und auch ohne jede Nahrung
keine nachteilige Veränderung im Verdauungstraktus herbeigeführt haben und auf den Darm
weder verstopfend noch diarrhöisch wirkten. Die
Funktionen blieben durchaus normal.** Der in dieser
Vielseitigkeit erbrachte Beweis dürfte genügen, um auch den
fettreicheren Kakao in seiner **Bekömmlichkeit** nicht zu
miskreditieren.

Wenn wir auf Grund der beiden gemachten Beobachtungen
die Frage entscheiden wollen, ob der Kakao den **Genuſs-
mitteln** zuzuschreiben ist, so müssen wir mit ja antworten.
Die Anforderung, als Reizmittel auf die Nerven zu wirken, erfüllt er
durch den Theobromingehalt, als Reizmittel auf die Sinnesorgane,

auf Geschmacks- und Geruchsinn wirkt er durch sein Aroma
und den angenehmen Geschmack, wobei die zugesetzten Gewürze
günstig mit beitragen. Durch seinen Reiz auf die Nerven des
Verdauungstraktus dürfte er auch zur vermehrten Nahrungsauf-
nahme beitragen.

Da der Kakao aber gleichzeitig ernährende Eigenschaften in
sich birgt, so müfs sein Wert noch höher angeschlagen werden.

Alle durch die zahlreichen Untersuchungen gemachten Beobachtungen weisen mit aller Deutlichkeit darauf hin, dafs
wir im fettreicheren Kakao ein Präparat besitzen,
welches den Anforderungen der Ernährungsphysio-
logie und -Hygiene mehr entspricht als ein Produkt,
dem das Fett zum gröfsten Teil entzogen ist. Es ist
daher durchaus wünschenswert, dafs das Fett, soweit es sich
technisch ermöglichen läfst, dem Kakaopulver erhalten bleibt.

In diesem Sinne haben schon die Gesetze in Belgien 20 %,
in Rumänien 22 % Fettgehalt als Mindestmenge bestimmt. Auch
in Deutschland mehren sich die Stimmen, welche eine gesetz-
liche Regelung des Fettmindestsatzes im Kakaopulver wünschen.

Iuckenack hat als Mindestmafs 25 % Fett, Hüppe 20 %
vorgeschlagen.

Die Mindestzahl von 20 % Fett scheint mir zu tief zu liegen.
Da wir keinen greifbaren Anhaltspunkt dafür haben, dafs gerade
um 20 % herum der Kakao auf einer Grenze zwischen vollwertig
und minderwertig steht, so könnte logisch nicht viel dagegen
eingewendet werden, wenn jemand die Mindestzahl auf 18 %
oder 17 % oder 15 % festgesetzt haben wollte. Nach allen physiologischen Erwägungen würde die Fettgrenze dagegen viel höher
hinaufzulegen sein und zwar so hoch, wie es technisch — ohne
die Haltbarkeit des Pulvers zu gefährden — möglich ist.

Wir sahen, dafs alle Verhältnisse verbessert wurden, je
höher der Fettgehalt stieg:

Die Ausnutzung des Stickstoffs und des Kakaoöls wurde erhöht,

die Suspensionsfähigkeit verbessert,

die Kotbildung und Stickstoffausfuhr verringert,
die Hygroskopizität des Pulvers vermindert,
die Kalorieneinfuhr wesentlich gesteigert,
und da die Bekömmlichkeit in keiner Weise leidet, so würde
ich die **Mindestfettgrenze** auf 30% festzusetzen für richtig und
gerechtfertigt erachten.

Kurze zusammenfassende Übersicht über sämtliche Versuche des I. und II. Teiles der Arbeit.

1. Zur experimentellen Untersuchung über die Bewertung des Kakaos als Nahrungs- und Genußmittel wurden zwei Versuchsreihen angestellt (Stoffwechsel-Selbstversuche), deren jede 43 Tage in Anspruch nahm.

2. Die erste Versuchsreihe umfaßte die Versuche über den Einfluß der Menge, des Fettgehaltes, des Schalengehaltes des Kakaos und der mit demselben eingeführten Nahrung auf die Resorption und Assimilation desselben. Die zweite Versuchsreihe umfaßte die Versuche mit verschiedenen Handelssorten.

3. Die erste Versuchsreihe zerfiel in neun Perioden, in denen Kakao mit 34,2% und 15,2% Fett derselben Provenienz geprüft wurde. Zur Verwendung kamen große Mengen von 100 g und mittlere Dosen von 35 g pro die. Anderseits wurde untersucht ein schalenreicher Kakao von 16,8% und endlich Kakao unter Zugabe verschiedener Nahrung.

Die Untersuchung erstreckte sich auf die Ermittelung der Stickstoff- und Fettausnutzung der kakaoreichen Nahrung, auf den Stickstoffumsatz im Harn, die Theobrominwirkung, die kotbildenden Substanzen und das Körpergewicht.

4. Die zweite Versuchsreihe zerfiel in elf Perioden, in denen sieben verschiedene Handelssorten geprüft wurden: v. Houtens Kakao, Reichardts Kakao Monarch und Pfennigkakao und 3 Männer-Kakao, Stollwercks Adler-Kakao, Hartwig & Vogels Kakao Vero und Suchard-Kakao. Außerdem

wurde Adler-Kakao und Monarch-Kakao in groſsen Dosen allein ohne Nahrung untersucht und ebenso gröſsere Mengen Kakaoöl. Die Untersuchung erstreckte sich auf dieselben Dinge wie in der ersten Versuchsreihe. Auſserdem wurden Spezialuntersuchungen über die Temperatur des trinkfertigen Kakaos, über die Suspensionsfähigkeit des Pulvers bei verschiedenen Temperaturen und über die Korngröſse der einzelnen Kakaosorten angestellt.

5. Bei der Ausnutzung des Kakaos spielt zunächst die gröſste Rolle, ob der Kakao allein oder in Gemeinschaft mit anderen Stoffen genossen wird.

Bei alleiniger Kakaozufuhr erreicht die Ausnutzbarkeit des Kakaoeiweiſses das Minimum. 45%.

Da niemand nur vom Kakao allein leben wird, muſste die Ausnutzung des Gesamtnahrungseiweiſses bei Kakaogaben bestimmt werden.

Hier liegt die Sache so, daſs der Kakao die Gesamtausnutzbarkeit der Nahrung herabsetzt. Es kommt aber dabei darauf an, ob groſse oder kleine Mengen Kakao gegeben werden.

Stickstoffausnutzung d. Nahrung allein 82,5%
» » » + 35 g Kakao 75 » } Mittelzahlen
» » » + 100 g » 56 »

Der Verlust wird verursacht durch die bedeutende Kotbildung, die der Kakao veranlaſst, wodurch anderseits eine vermehrte Menge unverbrauchten Stickstoffs ausgeführt wird. Die Untersuchungen ergaben, daſs der ausgeführte Kotstickstoff mit der Menge des Trockenkotes steigt und fällt.

6. Eine weitere wichtige Rolle für die Eiweiſsausnutzung der gemischten Nahrung spielte der Fettgehalt des Kakaos.

Je mehr Fett dem Kakao abgepreſst wird, desto mehr sinkt die Eiweiſsausnutzung.

Gem. Nahr. + 100 g Kakao mit 34,2% Fett = 56 %⎫
» » + 100 g » » 15,2 » » = 52 » ⎬ Ausnutzung
» » + 35 g » » 34,2 » » = 75 » ⎪
» » + 35 g » » 15,2 » » = 73,4» ⎭

Am drastischsten zeigt sich dies, wenn nur Kakao allein genossen wird.

100 g Kakao mit 34,2% = 45 % ⎫
100 g » » 15,2 » = 24,8» ⎬ Ausnutzung.

Die Ursache der erhöhten Stickstoffausscheidung ist die durch den stark entfetteten Kakao veranlaßte vermehrte Kotbildung.

7. Auch ein erhöhter Schalengehalt des Kakaos wirkt ungünstig auf die Stickstoffausscheidung.

Gem. Nahr. + 35 g Kak. ohne Schal. m. 15,2% Fett = 74,3%⎫ Ausnutz.
» » + 35 g » » » » 16,8 » » = 71 » ⎬

8. Einen Einfluß übt auch eine verschiedene zusammengesetzte Nahrung, mit der der Kakao genossen wird, aus.

Gem. Nahr. (Brot, Wurst, Käse) + 100 g Kakao m. 34,2% Fett = 56%
» » (Brot, Käse) + 100 g » » 34,2 » » = 63»

Der Unterschied ist aber hier nicht auf Rechnung des Kakaos zu setzen, sondern auf die verschiedene Resorbierbarkeit des Fleisch- und Milcheiweißes.

9. Das Kakaoeiweiß ist imstande, einen Teil des Nahrungseiweißes zu ersetzen:

100 g Kakao waren imstande, eine Minusbilanz von — 2,27 g Stickstoff auszugleichen.

10. Mit der Steigerung des Kotstickstoffs geht stets bei Einnahme von Kakao eine Verminderung des Harnstickstoffs einher.

Z. B.   **Kotstickstoff**   **Harnstickstoff**

2,7 g	12,35 g
6,77 g	9,49 g
7,38 g	8,44 g.

Für diese merkwürdige Erscheinung können die in der Arbeit versuchten Erklärungen noch nicht bindend sein, da diese Tatsachen zunächst ein physiologisches Novum sind.

11. Die Ausnutzung des Fettes im Kakao unterliegt ähnlichen Schwankungen wie die Ausnutzung des Eiweifses. Es kommt zunächst darauf an, ob das Kakaoöl in ausgeprefstem Zustande zur Verwendung kommt oder im Kakao selbst.

Im ausgeprefsten Zustande wird es genau so verwertet wie das Fett der Normalnahrung.

Normalnahrung . . 94,9 % Ausnutzung
Kakaoöl . . . . 94,7 %   »

Im nicht ausgeprefsten Zustande, also im Kakao selbst, ist die Ausnutzung geringer.

Dabei kommt es ähnlich wie bei der Stickstoffausnutzung darauf an, ob der Kakao allein gegeben wird oder mit anderen Nahrungsstoffen zusammen.

100 g Kakao allein . . . . 87,1 % Fettausnutzung
Gemischte Nahrung + 100 g Kakao . 89,6 %   »

12. Weiter ist wichtig, ob mit der Nahrung gröfsere oder geringere Mengen Kakao gewonnen werden.

Bei Einnahme gröfserer Mengen wird die Ausnutzung der Gesamtnahrung geringer.

Gemischte Nahrung + 100 g Kakao mit 34,2 % Fett = 89,6 % Ausnutzung
    ⸱   ⸱   + 35 g   ⸱   ⸱ 34,2 % ⸱ = 93,8 %   ⸱

13. Wie bei der Eiweifsausnutzung, spielt der Fettgehalt des Kakaos ebenfalls eine Rolle.

Fettreiche Kakaos heben die Ausnutzung der Gesamtnahrung.

Gemischte Nahrung + 100 g Kakao mit 34,2% Fett = 89,6%

» » + 100 g » » 15,2% » = 86,3%

» » + 35 g » » 34,2% » = 93,9%

» » + 35 g » » 12,4% » = 92,1%

14. Der Gehalt an Theobromin veranlafst bei grofsen Gaben vorübergehende Störungen des Allgemeinbefindens, in den üblichen kleineren täglichen Gaben von 20—30 g erzeugt es eine angenehm anregende Wirkung.

15. Eine diuretische Wirkung konnte bei den eingehaltenen Versuchsbedingungen nicht oder nur kaum konstatiert werden.

16. Die Prüfung der Korngröfse der untersuchten und dem freien Verkehr entnommenen Handelssorten ergab, dafs Reichardts Pfennig-Kakao mit 12,4% Fett und Reichardts Monarch-Kakao mit 13,5% Fett am feinsten pulverisiert waren. Reichardts 3 Männer-Kakao mit 24,3%, Suchards Kakao mit 33%, van Houtens Kakao mit 30,8%, Stollwercks Adler-Kakao mit 34,2% und Hartwig & Vogels Kakao Vero mit 27,6% zeigten gröfsere Bestandteile.

17. Die Untersuchung der Suspensionsfähigkeit im trinkfertigen Kakao bewies aber, dafs gerade die fettärmsten Reichardtschen Marken »Pfennig und Monarch« nur ganz wenige Minuten suspendiert blieben, während alle übrigen mehr Fett enthaltenden Marken, mit Ausnahme des Reichardtschen 3 Männer-Kakaos, sehr lange Zeit sich in homogener Verteilungen erhielt. Der höhere Fettgehalt übte auch hier seine günstige Wirkung aus.

18. Monarch- und Pfennig-Kakao wurden ungewürzt angetroffen. Alle übrigen waren gewürzte Kakaos. Normen über den Geschmack aufzustellen, dürfte nicht angehen, weil die Geschmacksempfindungen zu individuell sind. Jedoch scheinen die ungewürzten Kakaos unserer üblichen — anerzogenen — Geschmacksrichtung weniger zu entsprechen.

19. Die sog. »Bekömmlichkeit« läfst nichts zu wünschen übrig. Sowohl kleine wie sehr grofse Dosen, fettreiche und fett-

arme Präparate, ohne und mit Nahrung, haben in der sehr langen Zeit von 86 Tagen keine Verdauungsstörungen herbeigeführt. Verstopfung oder Diarrhöen wurden nicht beobachtet.

20. Da alle Resultate der Untersuchung dafür eindeutig sprechen, dafs Kakaos mit hohem Fettgehalt den stark abgeprefsten vorzuziehen sind, so würde bei einer eventuellen gesetzlichen Regelung der **Mindestgehalt** an Fett — ein Gehalt von 30% — als allen Anforderungen entsprechend in Vorschlag zu bringen sein.

Erster·Versuch.

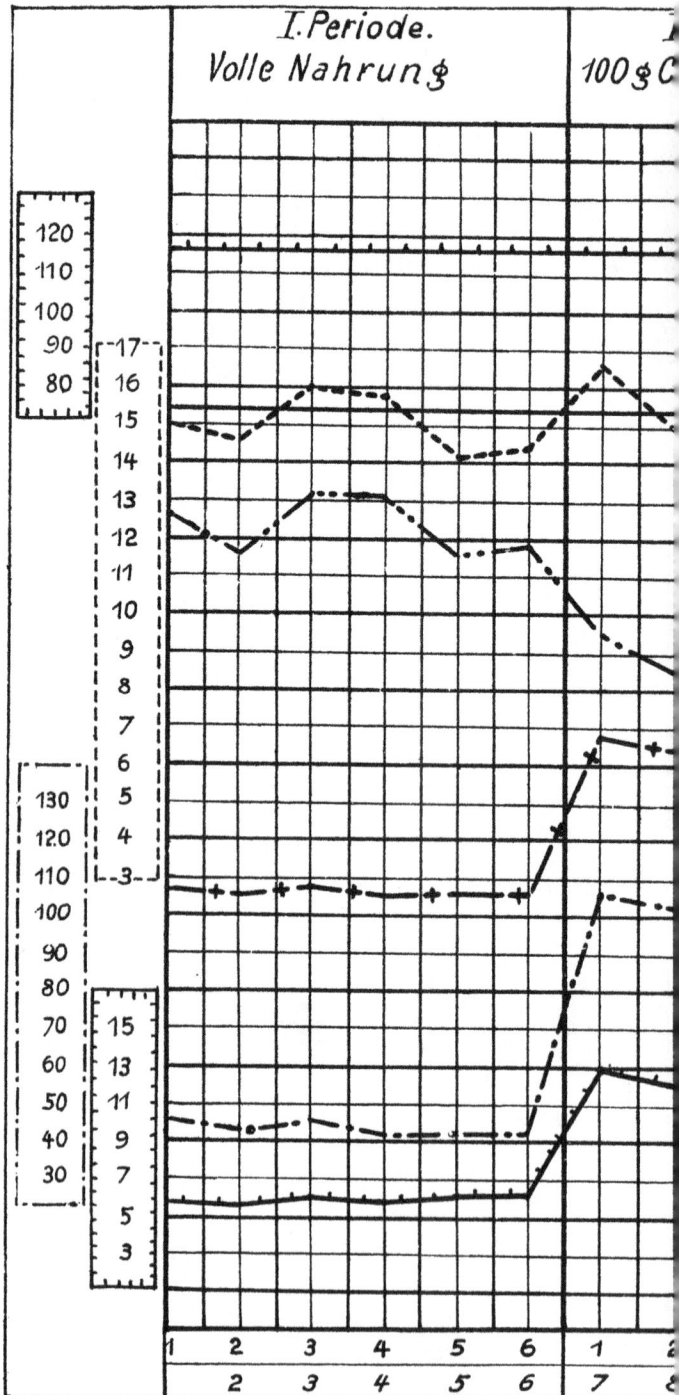

| | I. Periode. Volle Nahrung | 100 $ C |

nittel.

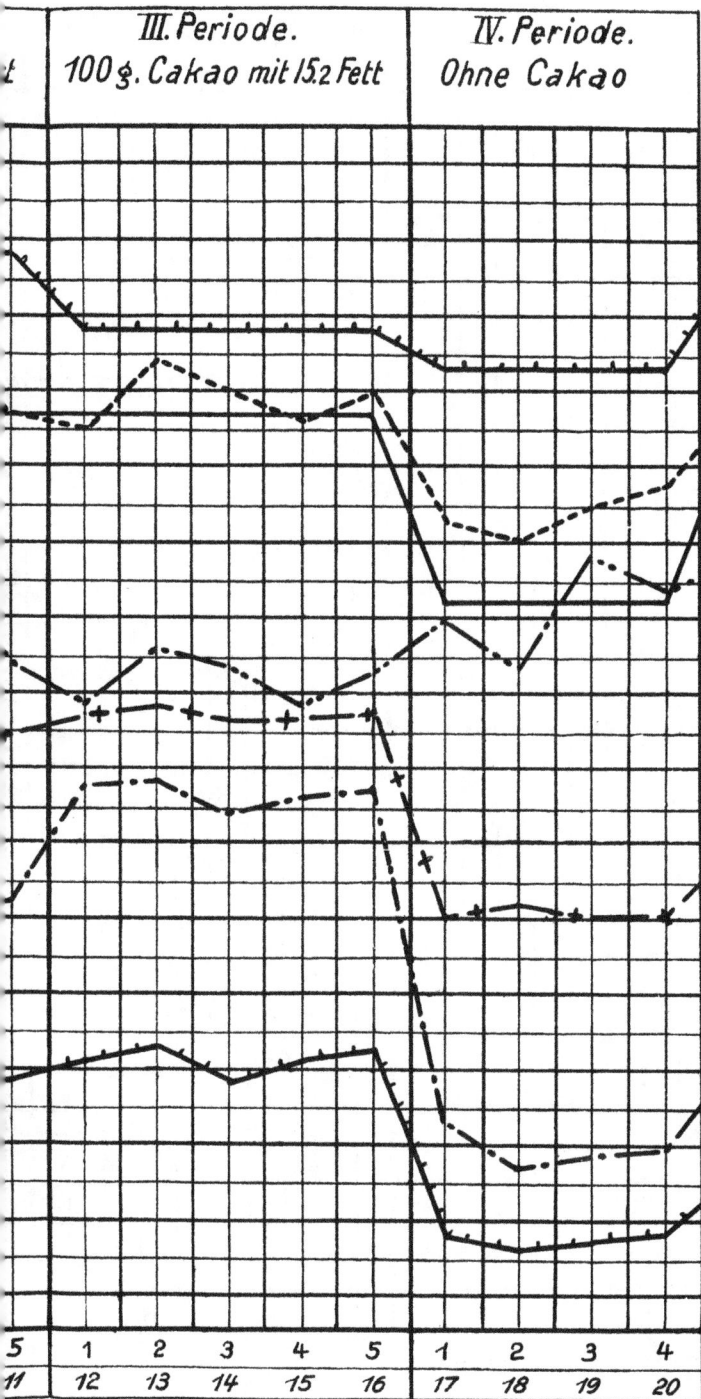

III. Periode.
100 g. Cakao mit 15,2 Fett

IV. Periode.
Ohne Cakao

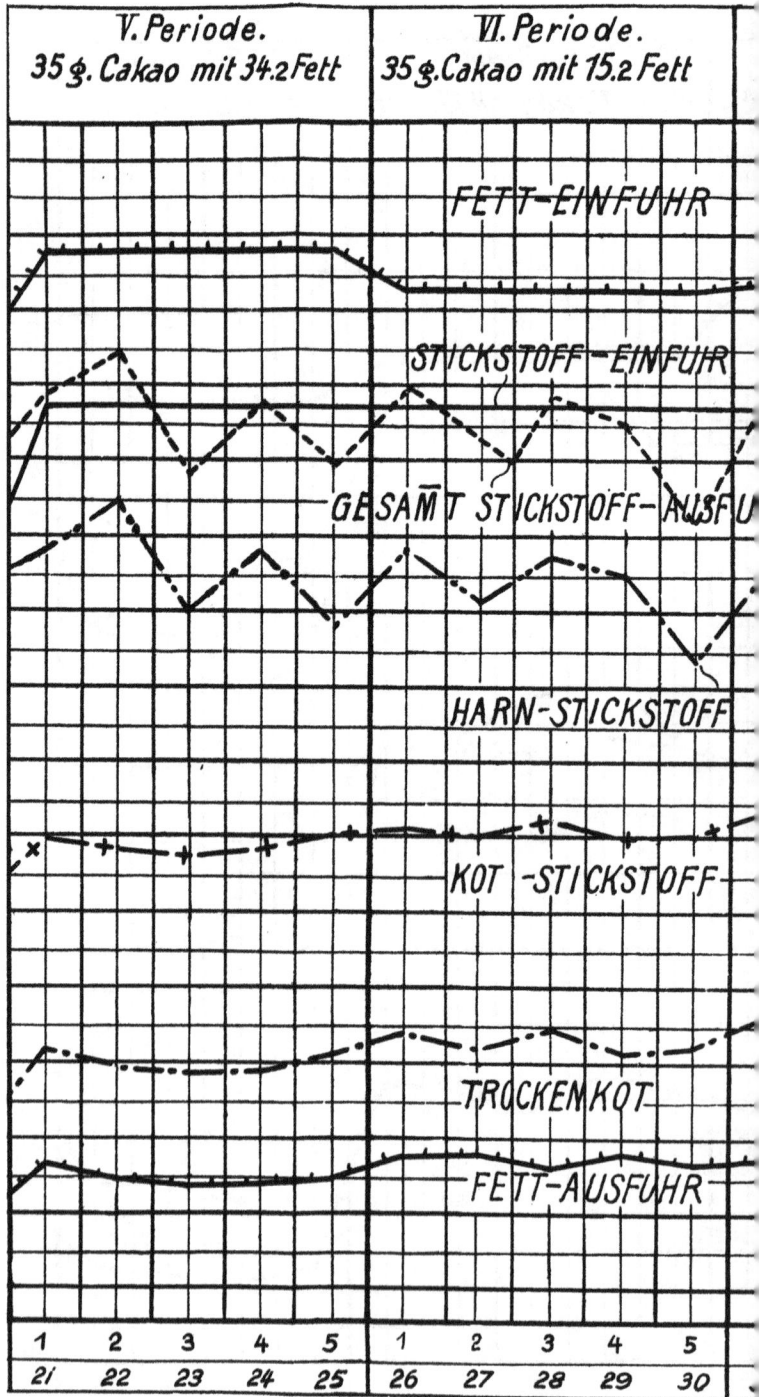

| V. Periode. 35 g. Cakao mit 34.2 Fett | VI. Periode. 35 g. Cakao mit 15.2 Fett |

e.	VIII. Periode.	IX. Periode.
16.8 Fett	100 g. Cakao 34.2 Fett	Volle
len.	Keine Wurst – Käseeiweiss.	Nahrung

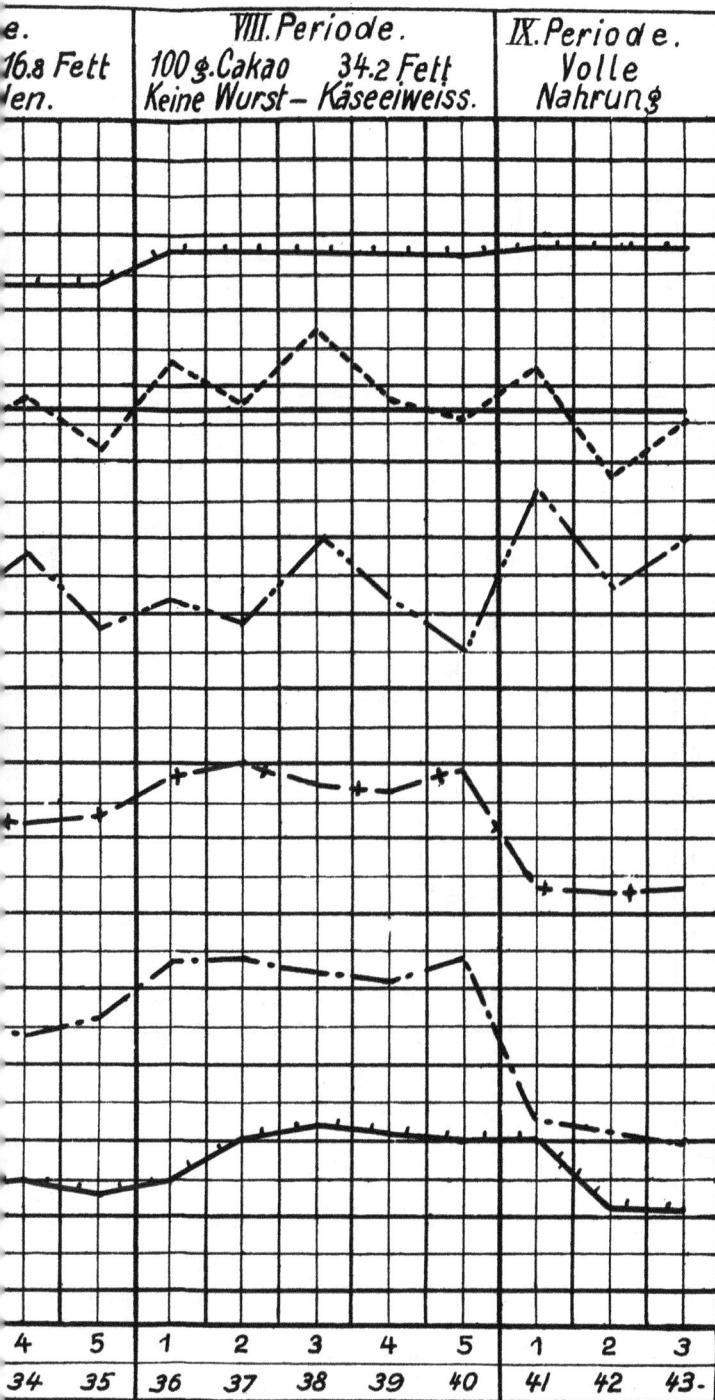

| 4 | 5 | 1 | 2 | 3 | 4 | 5 | 1 | 2 | 3 |
| 34 | 35 | 36 | 37 | 38 | 39 | 40 | 41 | 42 | 43. |

Verlag von R. Oldenbourg. München u. Berlin

Zweiter Versuch.

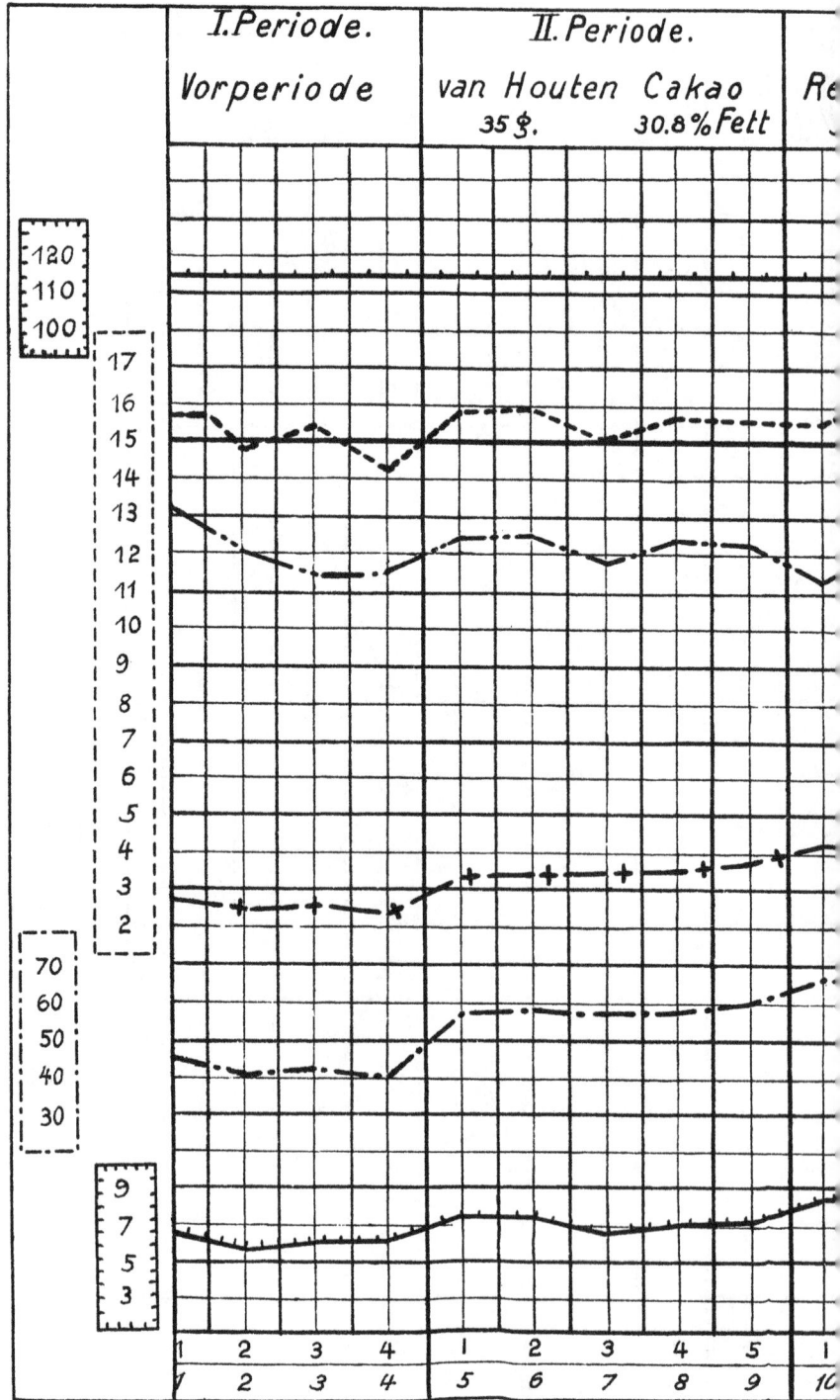

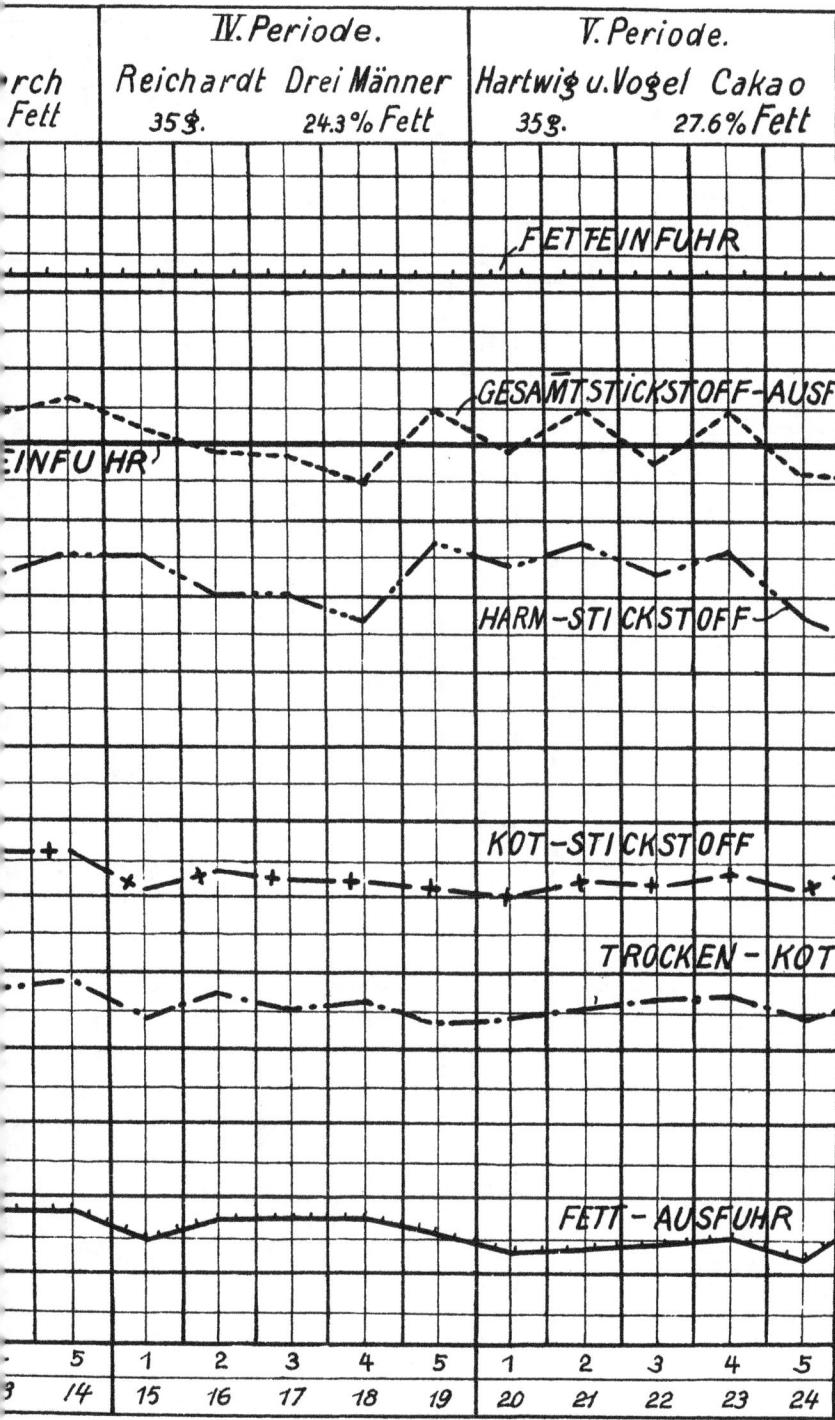

IV. Periode.
Reichardt Drei Männer
35 g.   24.3% Fett

V. Periode.
Hartwig u. Vogel Cakao
35 g.   27.6% Fett

rch
Fett

FETTEINFUHR

GESAMTSTICKSTOFF-AUSF

INFUHR

HARM-STICKSTOFF

KOT-STICKSTOFF

TROCKEN-KOT

FETT-AUSFUHR

| 5 | 1 | 2 | 3 | 4 | 5 | 1 | 2 | 3 | 4 | 5 |
| 14 | 15 | 16 | 17 | 18 | 19 | 20 | 21 | 22 | 23 | 24 |

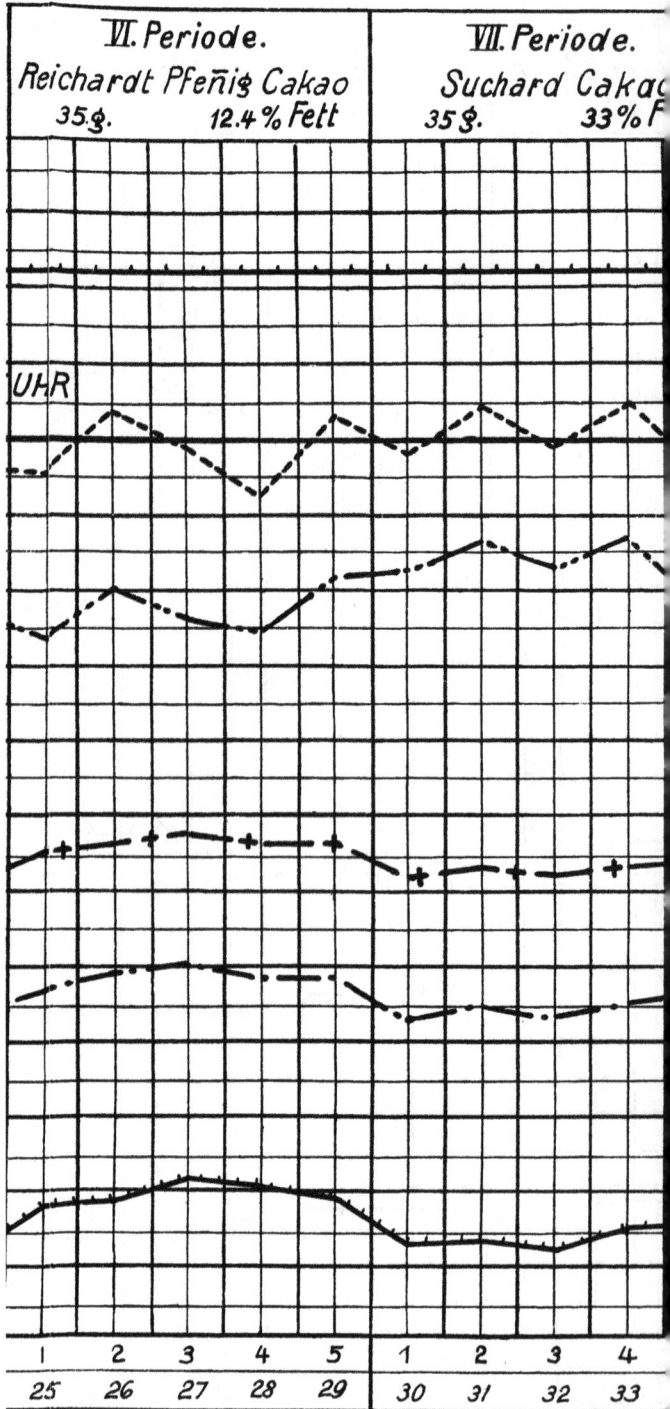

	VI. Periode.					VII. Periode.			
	Reichardt Pfeñig Cakao					Suchard Cakao			
	35 g. 12.4% Fett					35 g. 33% F			

UHR

	1	2	3	4	5	1	2	3	4
	25	26	27	28	29	30	31	32	33

IX. Periode. Reichardt MONARCH. 135 ♀. 13.5 ♀ F.	X. Periode. Nachperiode	XI. Periode. Cakaoöl 45 ♀.

Verlag von R. Oldenbourg, München u. Berlin.

Feinheitsgrad verschiedener Kakaos

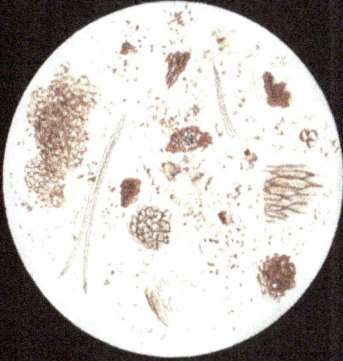

van Houten Kakao — Reichardt. Pfennig Kakao

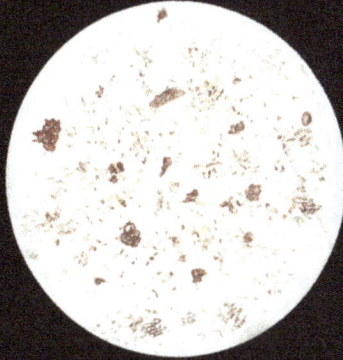

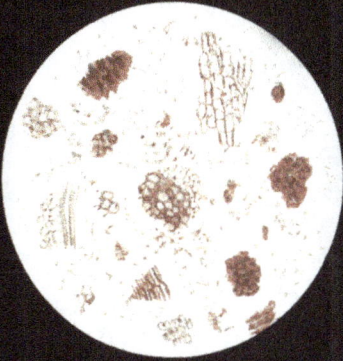

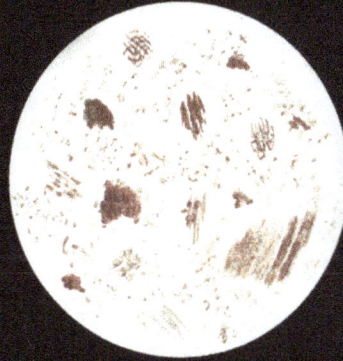

Reichardt. 3 Männer Kakao — Hartwig & Vogel. Kakao vero

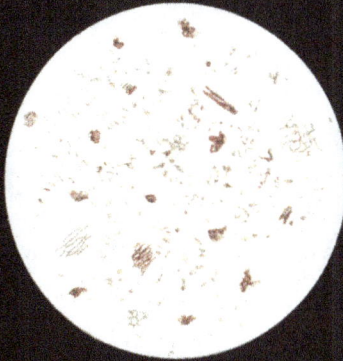

Reichardt. Monarch Kakao — Stollwerck. Adler Kakao

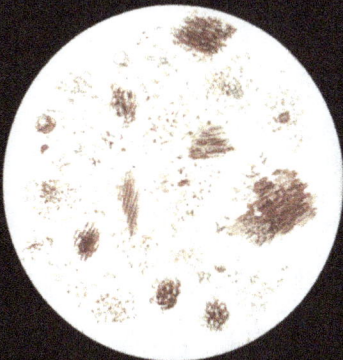

Verlag von R. Oldenbourg, München u. Berlin.

www.ingramcontent.com/pod-product-compliance
Lightning Source LLC
Chambersburg PA
CBHW081519190326
41458CB00015B/5407